黄花梨家具鉴藏全书

《黄花梨家具鉴藏全书》编委会　编写

北京希望电子出版社
Beijing Hope Electronic Press
www.bhp.com.cn

内 容 简 介

本书以独立专题的方式对黄花梨家具的起源和发展、时代特征、鉴赏要点、收藏技巧、保养知识等进行了详细的介绍。本书内容丰富，图片精美，具有较强的科普性、可读性和实用性。全书共分七章：第一章，认识黄花梨；第二章，海南黄花梨；第三章，黄花梨家具的鉴赏；第四章，黄花梨家具的鉴别要素；第五章，黄花梨家具的价值与市场行情；第六章，黄花梨家具的购买技巧；第七章，黄花梨家具的保养技巧。本书适合黄花梨家具收藏爱好者、各类黄花梨家具研究机构、拍卖业从业人员阅读和收藏，也是各类图书馆的配备首选。

图书在版编目（CIP）数据

黄花梨家具鉴藏全书 /《黄花梨家具鉴藏全书》编委会编写. — 北京：北京希望电子出版社, 2023.3
ISBN 978-7-83002-371-3

Ⅰ.①黄… Ⅱ.①黄… Ⅲ.①降香黄檀 - 木家具 - 鉴赏 - 中国②降香黄檀 - 木家具 - 收藏 - 中国 Ⅳ.①TS666.202②G262.5

中国国家版本馆CIP数据核字(2023)第019739号

出版：北京希望电子出版社
地址：北京市海淀区中关村大街22号
　　　中科大厦A座10层
邮编：100190
网址：www.bhp.com.cn
电话：010-82626270
传真：010-62543892
经销：各地新华书店

封面：袁　野
编辑：周卓琳
校对：李小楠
开本：710mm×1000mm　1/16
印张：14
字数：259千字
印刷：河北文盛印刷有限公司
版次：2023年3月1版1次印刷

定价：98.00元

编 委 会

（按姓氏拼音顺序排列）

目录

第四章

黄花梨家具的鉴别要素

第五章
黄花梨家具的价值
与市场行情

第六章

黄花梨家具的购买技巧

第七章

黄花梨家具的保养技巧

第一章

认识黄花梨

什么是黄花梨

黄花梨产于我国海南岛以及越南等地，是木材中的珍品，有"寸木寸金"的说法。用黄花梨制作的家具多名贵，一般是有价难求，备受历代贵族雅士的追捧。

黄花梨曾有多个别名，如花梨、花狸、花榈、降香、花黎、香红、香枝木、香红木、海南檀等。"黄花梨"一词是何时出现的呢？业界有两种较为流行的观点。

一种观点认为，黄花梨出现于20世纪30年代，由梁思成等著名学者提出。他们为了将新、老花梨加以区别，便将老花梨冠之以"黄花梨"的称谓。

另一种观点认为，由于民国时期大量的低档花梨进入市场并被普遍使用，人们为了便于区别，才在老花梨之前加了"黄"字，从而使老花梨有了一个固定的名称——黄花梨。

海南黄花梨是黄花梨中材质最好的木种。它分为两种：一种名为海南黄檀，其心材较大，几乎占整个树径的4/5左右，且多呈深褐色，边材多为黄褐色，海南人称之为"花梨公"。另一种称为降香黄檀，其心材占树径的比例较小，且多呈红褐或紫褐色，边材多为浅黄色，海南人称之为"花梨母"。2018年7月，中华人民共和国红木国家标准《红木》（GB/T 18107-2017）颁布实施，正式将降香黄檀定名为香枝木。

黄花梨木的识别特征

1 | 生态特征

黄花梨为亚热带半常绿乔木，高10～20米，最高可达25米，胸径可达80厘米，树冠呈伞形，分枝较低。

黄花梨是奇数羽状复叶，总长15～26厘米，有小叶9～11片，叶片呈椭圆

形或卵形。圆锥花序腋生，长4～10厘米。

黄花梨树每年换叶一次，12月开始落叶，翌年2～3月为无叶期，3月下旬至4月雨季到来时，叶、花同时抽出。花期为4～6月，花呈乳白色或淡黄色。10～12月果实陆续成熟，荚果为扁平椭圆形，内含肾形种子。

2 | 木材特征

木性：黄花梨木的木性极为稳定，不管寒暑都不变形、不弯曲、不开裂；有一定的韧性，适合制作各种弯曲度大的异形家具，如三弯腿，在这一点上其他木材难以胜任。

木色：多呈黄色，心材新切面呈深褐色或紫红色，有犀角的质感。

生长年轮：年轮纹理明显，清晰可辨，如行云流水。

木疖：木纹中多见木疖，木疖平整不开裂，呈现出老人头、老人头毛发、狐狸头等纹理，即人们所称的"鬼脸儿"。

气味：新切面气味辛辣浓郁，久则微香。

气干密度：0.82～0.94克／立方厘米。

三
黄花梨的主要产地

黄花梨有两个主要产地：中国和越南。

1 | 中国

黄花梨主要分布在中国海南岛以及广西、广东沿海。

海南岛黄花梨最为珍贵，主产于海南岛的东方、白沙、乐东、昌江、海口、三亚等地。它们一般生长在海拔350米以下的低海拔平原和丘陵地带，生长在阳光充足的地方。

2 | 越南

越南黄花梨主产于越南与老挝交界的长山山脉东西两侧。

四
黄花梨的包浆

"包浆"一词是收藏界的术语，即"光泽"，但不是普通的光泽，而是专指古物表面的一种光泽。

大凡器物，年长月久之后，会在表面形成一层自然的光泽，即包浆。该光泽温润含蓄，不张扬，给人以淡淡的亲切感。

黄花梨包浆是因黄花梨木本身有油性，经岁月"打磨"油质外泄，与空气中的尘土和人们触摸的汗渍互相融合而成的。

有经验的专业人士可以通过包浆判断出黄花梨家具的生产年代。

五
黄花梨的用途

黄花梨木是名贵品种，有很多用途。

黄花梨是雕刻工艺品和贵重家具的上等材料。明清两代的文人雅士对黄花梨家具情有独钟，明代考究的家具都首选黄花梨。清乾隆年间，黄花梨木源枯竭，民间多制作小件黄花梨器物，以黄花梨笔筒最负盛名。黄花梨木具有三大优点。

一是纹理和色泽美。黄花梨质地细腻，呈黄褐色的色调，纹理或隐或现，有结疤的地方呈现出铜钱大小的圆晕形花纹，自然美观。

二是木质清香。久置的黄花梨木富有自然的木质香气，闻之沁人心脾，多年不绝。

三是工艺性能优越。黄花梨木质缩胀率小，不容易变形，手感温润，坚硬耐腐。

△ **黄花梨有束腰卷草纹方桌　明晚期**

长86.5厘米，宽96厘米，高96厘米

　　桌面大边里面打洼，有束腰。壶门式牙，雕相向的螭纹及卷草纹，牙头雕卷叶纹。四腿上部为展腿式，下部为圆柱腿，四足与牙条间有弓背角牙扶持。

◁ **黄花梨仿竹六仙桌　明晚期**

长87厘米，高83厘米

△ **黄花梨笔筒 明代**
直径15厘米，高16.5厘米

第二章

海南黄花梨

一
海南黄花梨生长的
气候条件

海南黄花梨材质坚韧细密，纹理瑰丽多姿，触摸起来温润如玉，药用价值高，公认为是最好的黄花梨，属于中国一级保护植物。

1 | 对气候条件的要求高

海南黄花梨的生长对气候环境要求较高，全年需要温暖的气候、充足的阳光照射。

2 | 对土壤环境的要求低

海南黄花梨在海拔600米以下的山脊、陡坡以及干旱瘦瘠、岩石裸露的地区均能生存，土壤一般为赤红壤和褐色砖红壤等土壤类型。

3 | 地理分布

据《中国树木志》记载，野生的海南黄花梨主要分布在海南岛南部吊罗山尖峰岭的低海拔平原和丘陵地区，多生长在吊罗山海拔100米左右阳光充足的地方，少量分布在海南昌化江以及南渡江一带，是海南独有的珍稀树种。现广西、广东和福建南部（如漳州、仙游）有引种。

4 | 不同产地的品种差异

海南东部地区：地势开阔，阳光充足，雨水充沛。该地黄花梨生长较快，材质相对稀疏，毛孔粗，花纹大，价位较低。

海南西部山区：地势高，属于山林地域。该地的黄花梨生长较为缓慢，材质密度高，花纹细腻而丰富，价位高。

海南西部地区的昌江市和东方市交界的霸王岭山系出产的黄花梨密度最好。

海南东方市和乐东县交界的尖峰岭山系出产的黄花梨木颜色最好。

二
海南黄花梨的生长周期

海南黄花梨的生长周期漫长，属于稀罕物种，故价值非常高，有"木黄金"之称。黄花梨树的生长周期如下所述。

幼苗至结心材：约需15年。

心材长至直径2～5厘米：需20年。

生长成材：至少需100年。

成为制作家具的材料：至少需要300～500年。

不同区域的黄花梨，生长也有一定的偏差。南渡江流域的海南黄花梨，17年树龄开始结心材，60年树龄的心材约为30厘米；昌化江流域的海南黄花梨，60年树龄的心材仅约为18厘米。

三
海南黄花梨的分类

1 ｜ 按心材材色、大小分

海南岛的黎族人称黄花梨的心材为"格"。根据成熟的黄花梨的心材材色和大小可分为油格和糠格。

油格：心材部分大，呈深褐色。

糠格：心材部分小，呈紫褐色或红褐色。

2 ｜ 按心材部分的颜色分

按心材颜色的深浅可分为金黄、浅黄、橘黄、赤紫、红褐、深褐等若干种。

心材的颜色不同，木材的油性、气味、相对密度均有差异。

颜色深：油性大，降香气味浓，相对密度大。

△ 黄花梨三足笔筒　明代
高17厘米，直径14厘米

△ 黄花梨条案　明代

长171厘米，宽43.5厘米，高87厘米

颜色浅：油性小，降香气味稍淡，相对密度小。

3 ｜ 按黄花梨家具的总体外观分

浅色黄花梨：分量略轻，光泽较强，纹理清晰流畅。浅色黄花梨家具多见于中国北方。

深色黄花梨：光泽不如浅色黄花梨，重量较浅色黄花梨略轻，油性较大，纹理没有浅色黄花梨清晰。深色黄花梨家具多见于中国南方。

4 ｜ 按在海南省内的分布区域分

东部黄花梨：油性较差，颜色较浅，分量稍轻。由于明清时期的过度采伐，几近绝迹。

西部黄花梨：油性较强，油质感不会轻易减弱，价格远高于东部黄花梨。

△ 黄花梨圈椅（一对）　明代
宽59.5厘米，深47.5厘米，高98厘米

第三章

黄花梨家具的鉴赏

一
明清黄花梨家具的特点

明清黄花梨家具在我国家具史上可谓独树一帜，达到了古典家具制造的巅峰，迄今为止仍备受收藏爱好者推崇，是收藏界的宠儿，交易价格逐年上涨。

1 │ 明代黄花梨家具的特点

明代家具吸收了宋元时期的制作工艺及艺术成就，独成一体，成为我国家具发展史上的一座高峰，简称"明式家具"。明式家具影响力巨大，不仅影响到清代家具，直至今天仍有不少仿品出现。明代黄花梨家具有如下特点。

△ **明式黄花梨南官帽椅和几　明代**

椅：宽70厘米，深50厘米，高105厘米；几：长35厘米，宽35厘米，高74厘米

此椅为黄花梨木制作，通体光素，扶手、靠背呈圆弧状，使坐者可舒适地包围在椅子中。椅靠背板、扶手、鹅脖、联帮棍均呈曲形，特别是联帮棍上细下粗，呈夸张的S形，整体增加了活泼之态。座面下装罗锅枨加矮老、步步高赶脚枨。

◁ 黄花梨笔筒　明代
高14.8厘米，直径14厘米

▷ 黄花梨下起线笔筒　明代
高18.8厘米

△ 黄花梨四面平带翘头条桌　明代
长112厘米，宽48厘米，高86厘米

（1）精于选材

明代以前，制作家具多选用软木、白木，明代则多选用硬木，黄花梨是其中之一。选用硬木，与加工工具先进性有关，也与明代对外广泛交流有关，明代可源源不断地从泰国、缅甸等国大批运回黄花梨木等材料。因此，黄花梨等高档硬木是制作家具的最佳选择。

简而言之，黄花梨木具有色泽美、纹理美、气味香、色浆亮等天然优点。

（2）崇尚木质的天然气质

家具木材的变化，使人们的审美情趣从髹漆的人工之美，转化为追求木质的天然之美。黄花梨家具质地坚硬、强度高、色泽幽雅、纹理清晰而华丽。为了更好地体现木质的这些天然之美，在装饰时以不髹漆为主要工艺，即所谓"清水货"，只在其上打磨上蜡。

这种追求天然木质纹理之美的理念，体现了古人崇尚自然、师法自然的艺术宗旨，营造出黄花梨家具古朴端庄的韵味。

△ 黄花梨小圆腿平头案　明代

长133厘米，宽45厘米，高79厘米

△ **花梨描金雕龙博古柜（一对）　明代**

长94.5厘米，宽37.5厘米，高191厘米

　　此柜以黄花梨木精作，背板、隔板均描金彩绘博古纹，四面开光，内绘花卉、八宝、福寿纹，博古格错落有致，牙板皆透雕卷草纹。下部双门对开，中设两屉，满工浅浮雕灵龙纹，雕工精湛，线条流畅，棱角分明，大气精致。

（3）形体结构严谨

明代家具在形体结构上较宋代又有新的发展，更为合理。束腰、托泥、马蹄、牙板、矮老、罗锅枨、霸王枨、三弯腿等工艺不仅使家具的结构严谨，更使视觉重心下降，从而产生稳重感，结实牢固，更加实用。

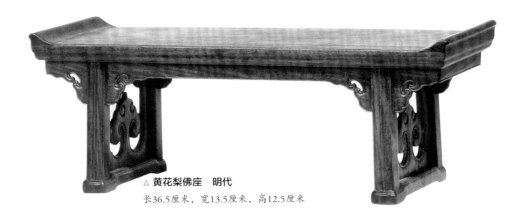

△ 黄花梨佛座　明代

长36.5厘米，宽13.5厘米，高12.5厘米

△ 黄花梨平头木案　明代

长33.3厘米，宽16厘米，高11.8厘米

此平头案由黄花梨制成，案面攒框装板心，无束腰；直腿方足，腿间安横枨，牙条及腿外缘起阳线；通体光素，颇具明式家具简洁明快的特点。

◁ **黄花梨半桌 明代**

长92.3厘米，宽45.5厘米，高85厘米

此半桌桌面格角榫攒边打槽平镶面心板。边抹冰盘沿自中上部向下内缩成凹槽，再向下内缩至底压窄平线。抹头可见明榫。沿边起阳线的壶门牙条浮雕卷草纹与束腰一木连做，牙条作肩以抱肩榫与腿足结合。腿间安置罗锅枨。方腿内翻马蹄足。制作工艺精湛，包浆色泽如琥珀，保存完好。

（4）造型装饰洗练

明代家具不事雕琢，追求以线条与块面相结合的造型手法，给人一种幽雅、清新、纯朴而大气的感觉。线条装饰手法早在宋代就已出现，到明代则发挥到登峰造极的程度，因而明式家具形成了明快、简洁而洗练的艺术风格。一言概之：简约而不简单。

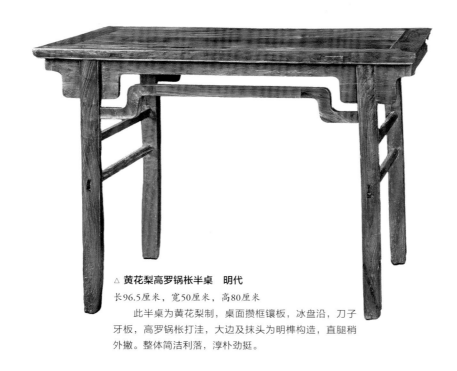

△ **黄花梨高罗锅枨半桌 明代**

长96.5厘米，宽50厘米，高80厘米

此半桌为黄花梨制，桌面攒框镶板，冰盘沿，刀子牙板，高罗锅枨打洼，大边及抹头为明榫构造，直腿稍外撇。整体简洁利落，淳朴劲挺。

（5）榫卯精密

　　明代的冶金工业高度发展，为框架锯与刨凿等工具的制作提供了优质材料。家具制作工具的改善，令家具制作更加精密化，榫卯精密，一丝不苟，榫与卯的配合通常不使用动物胶汁。

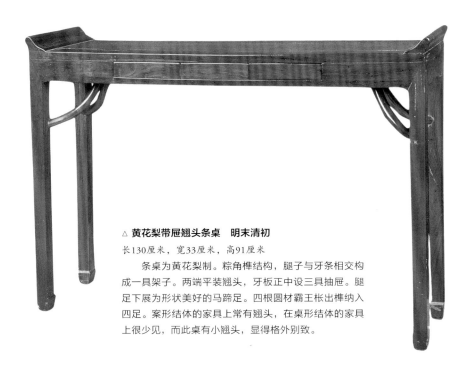

△ 黄花梨带屉翘头条桌　明末清初

长130厘米，宽33厘米，高91厘米

　　条桌为黄花梨制。粽角榫结构，腿子与牙条相交构成一具架子。两端平装翘头，牙板正中设三具抽屉。腿足下展为形状美好的马蹄足。四根圆材霸王枨出榫纳入四足。案形结体的家具上常有翘头，在桌形结构的家具上很少见，而此桌有小翘头，显得格外别致。

▷ 黄花梨镜匣　明代

长33厘米，宽33厘米，高59厘米

（6）家具款式系统化

明代开始以建筑空间功能划分家具，形成厅堂、书斋与卧室三大系统。在家具的陈设上，产生了以对称为基调的格式，从而奠定了明代黄花梨家具款式的基础。

2 ｜ 清代黄花梨家具的特点

清代似乎更追求紫檀木质，以皇家为首。但是，黄花梨依然在清宫廷中占有一席之地，如宝座、香几、橱柜、插屏、高桌、炉盖、板凳等常选用黄花

△ **黄花梨木瓜棱腿攒牙板小条桌　明末清初**

长102厘米，宽42厘米，高82厘米

小条桌以直线条为主，硬朗流畅，极为提神。桌面边缘素混面，四根腿足间均设刀牙板，内透挖鱼门洞作为主体装饰。直足立地，稳健高挑。黄花梨木的纹理漂亮清晰，色泽均匀，韵味无穷。

梨。清代黄花梨家具一部分沿袭了明式家具简明、朴素的风格，另一部分也受时代风气、艺术形式的影响，凸显出一定的特色。

（1）追求富贵气

部分黄花梨家具颠覆传统风格，在糅合西方的造型、雕刻与装饰艺术手法的基础上，向华丽、富贵、繁缛的方向大踏步地前进。

（2）用材厚重

一些黄花梨家具崇尚豪华富贵之气，为了达到这个目的，采用了大量的雕刻工艺，从最初的浮雕一直发展到后来的高浮雕甚至圆雕。为完成繁缛的雕

△ **黄花梨两撞提盒　清早期**

长34.5厘米，宽13.5厘米，高20厘米

从文献和图画资料来看，提盒在宋代已经流行。用黄花梨等贵重木材制作的提盒来储藏玉石印章、小件文玩。此具提盒两撞，连同盒盖共三层。用长方框造成底座，两侧端设立柱，有站牙抵夹，上安横梁，构件相交处均镶嵌铜页加固。每层沿口皆起灯草线，意在加厚子口。盒盖两侧立墙正中打眼，用铜条贯穿，把盒盖固定在立柱之间，稳靠无虞。

刻，家具的用材被加大放宽。

（3）装饰手法艳丽

为了达到最佳的豪华富贵效果，家具制作中使用了镶嵌工艺。镶嵌材质千

△ 黄花梨嵌百宝花鸟纹方角柜　明末清初

长82.5厘米，宽50.5厘米，高130厘米

姿百态，如纹石、螺钿、象牙、金银、玉石等，所表现的内容大多为吉祥瑞庆的图案与文字。

除镶嵌外，还常采用填色、描绘与堆漆等装饰手法。

◁ **黄花梨百宝嵌盒　清早期**

长25厘米，宽15厘米，高9厘米

△ **黄花梨大理石面香几　清早期**

长33厘米，高13厘米

　　此香几为黄花梨质地，采用了较多的装饰手法。几面嵌大理石，有束腰，束腰镂空雕花；四面牙板雕花，宽牙条；膨牙拱肩三弯腿，外翻马蹄，下踩托泥。木质纹理优美，工艺考究。

（4）实用性下降

家具不同于绘画等艺术品，需强调实用性。清代黄花梨家具过于追求贵气，致使实用性下降，如清代的透雕各种吉祥图案的花牙条，繁杂而不实用。

△ 黄花梨独板半桌　清早期

长101.5厘米，宽55厘米，高85厘米

半桌选用优质的黄花梨木制成，木纹细密清晰，包浆细润。面为独板，冰盘沿，托腮，下置横枨与短柱连接。高束腰，打洼，腰内置条环板，直腿起阳线，正面腿部有灯草线纹饰。

△ 黄花梨束腰半桌　清代

长111厘米，宽46.5厘米，高82厘米

二
桌案类家具鉴赏

　　桌案是人们坐卧、进食、读书、写字时使用的家具。黄花梨桌案从叫法上可分为几、桌、案等。

1 | 几

　　几，其实是一种小或矮的桌子。古人，特别是宋代以前的人，多是席地而坐，几便是人们坐时依凭的家具，如三足凭几。直至现代，几依然沿用，如茶几等。古代几的形式大致有宴几、三足凭几、炕几、高腿几。

◁ 黄花梨架几　明代

长45厘米，宽45厘米，高87厘米

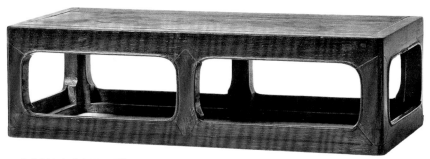

△ **黄花梨台座式座几　明代**

长33.5厘米，宽27厘米，高9.5厘米

　　此几为四面平结构，六足有内托泥，券口牙子，牙子与腿足相交处挖牙嘴圆润过渡，座几面为格角榫攒打槽装木纹华美的独析面心。此座几造型古朴雅致、做工精美、朴实无华、包浆圆厚、打磨精细。

　　宴几在宋代黄长睿所著的《燕几图》中由七件组成，有一定的比例规格，它的特点是多为组合陈设。人们根据需要，可多可少，可大可小，可长可方，可单设可拼合，运用自如。

（1）三足凭几

　　三足凭几到宋元以后已经很少见了，但在边远地区的少数民族中还有使用的。《金史》中有使用凭几的记载："曲几三足，直几二足，各长尺五寸，以丹漆之。帝主前设曲几，后设直几。"

（2）炕几

　　炕几一直盛行至明清时期，是一种在床榻上或炕上使用的矮形家具。较大型桌案而言，制作手法更容易发挥，既可以模仿大型桌案的做法，也可以采用凳子的做法，故形式多样。如，有束腰的弧腿彭牙、三弯腿；无束腰的一腿三牙、裹腿、裹腿劈料等，有的直接采用桌形直腿和案形云纹牙板的做法。

（3）高腿几

　　高腿几根据其用途，大致可以分成香几、花几、茶几、小矮几等。香几为烧香祈祷所用，大多成组或成对，设在堂中或阶前明显的位置，上置香炉等供器。蝶几，又名奇巧桌，由13件大小不等的三角形和梯形几组成，有一定的比例规格，多摆设在园林或厅堂陈设中。花几的特点是较一般桌案高，为陈设花盆或盆景所用，多成对陈设。茶几以方或长方形居多，常与椅子组合陈设，单独使用的不多。小矮几是专供陈设古玩用的，必须陈放在书案或条案之上，小矮几越矮越雅。

2 | 桌

桌子大致起源于汉代。宋代时，高足桌兴盛，桌的制作工艺进一步发展，出现了各种装饰手法，如束腰、马蹄、云头足、莲花托等。在结构上，使用夹头榫牙板、牙头、矮老、托泥、罗锅枨、霸王枨等。另外，桌子的功能出现分化，如专门用来弹琴的琴桌、读书写字的书桌、下棋的棋桌等。元代，出现了带抽屉的桌子。明代，桌子已发展到非常完美的程度，在基本形式上分为束腰、无束腰两种。古代桌子的形式主要有方桌、琴桌、棋桌、圆桌。

（1）方桌

方桌是指桌面四边长度相等的桌子。有大小之分，大的称大八仙桌，小的称小八仙桌。八仙桌为客厅家具，装饰很考究，常饰以灵芝、绞藤、花草及其他吉祥图案。常见的方桌有方腿带束腰霸王枨方桌、方腿带束腰罗锅枨加矮老方桌、圆腿无束腰罗锅枨加矮老方桌、一腿三牙方桌等。

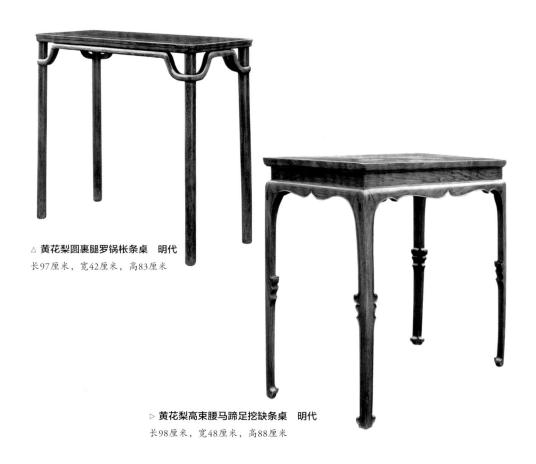

△ 黄花梨圆裹腿罗锅枨条桌　明代
长97厘米，宽42厘米，高83厘米

▷ 黄花梨高束腰马蹄足挖缺条桌　明代
长98厘米，宽48厘米，高88厘米

△ **黄花梨书桌　明代**

长95.5厘米，宽43.5厘米，高75.5厘米

△ **黄花梨一腿三牙方桌　明代**

边长94.3厘米，高85厘米

△ **黄花梨八仙桌　明末清初**

长90厘米，宽90.5厘米，高85.5厘米

　　该八仙桌取材黄花梨木，桌面攒框镶板心，束腰，牙板作直枨加矮老装饰，简练稳重，起到支撑、加固的作用，直腿。此款八仙桌的制作独具匠心、工艺娴熟，木质纹理清晰，形体规整，古朴大方。

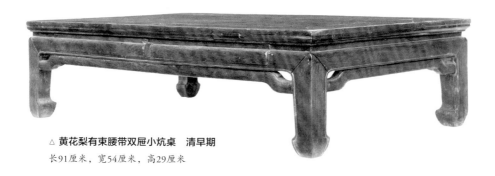

△ **黄花梨有束腰带双屉小炕桌　清早期**

长91厘米，宽54厘米，高29厘米

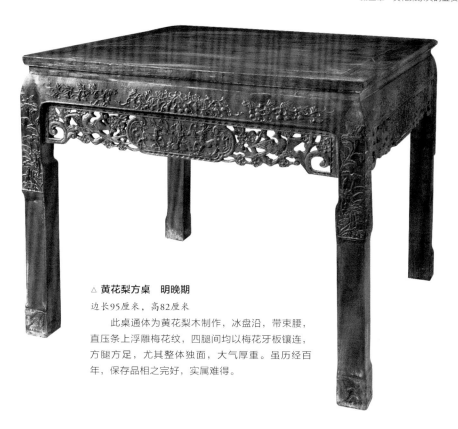

△ **黄花梨方桌　明晚期**

边长95厘米，高82厘米

　　此桌通体为黄花梨木制作，冰盘沿，带束腰，直压条上浮雕梅花纹，四腿间均以梅花牙板镶连，方腿方足，尤其整体独面，大气厚重。虽历经百年，保存品相之完好，实属难得。

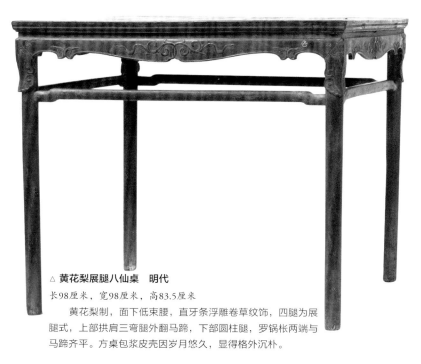

△ **黄花梨展腿八仙桌　明代**

长98厘米，宽98厘米，高83.5厘米

　　黄花梨制，面下低束腰，直牙条浮雕卷草纹饰，四腿为展腿式，上部拱肩三弯腿外翻马蹄，下部圆柱腿，罗锅枨两端与马蹄齐平。方桌包浆皮壳因岁月悠久，显得格外沉朴。

△ **黄花梨展腿八仙桌　明代**

长98厘米，宽98厘米，高86厘米

　　黄花梨木制，面下低束腰，直牙条浮雕螭龙纹饰，四腿为展腿式，上部拱肩三弯腿外翻马蹄，下部圆柱腿，使用十字枨。

△ **黄花梨工字枨方桌　清代**

长99.5厘米，宽99.5厘米，高86厘米

　　方桌为黄花梨料，圆材，长短榫构造。面攒框镶两拼板，桌面底部设穿带支撑，大边及抹头皆不出榫，冰盘沿，工字形牙板为长短圆柱直材混面攒接而成，嵌入桌面及腿足，弧形挂牙与腿足交接，圆材直腿粗壮有力。

　　长方桌是指接近正方形的长方桌，长不超过宽的2倍。如果长度超过宽的2倍，应称为长条桌（或"长桌""条桌"）。

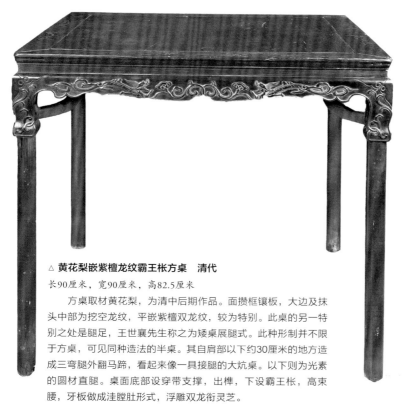

△ **黄花梨嵌紫檀龙纹霸王枨方桌　清代**

长90厘米，宽90厘米，高82.5厘米

　　方桌取材黄花梨，为清中后期作品。面攒框镶板，大边及抹头中部为挖空龙纹，平嵌紫檀双龙纹，较为特别。此桌的另一特别之处是腿足，王世襄先生称之为矮桌展腿式。此种形制并不限于方桌，可见同种造法的半桌。其自肩部以下约30厘米的地方造成三弯腿外翻马蹄，看起来像一具接腿的大炕桌。以下则为光素的圆材直腿。桌面底部设穿带支撑，出榫，下设霸王枨，高束腰，牙板做成洼膛肚形式，浮雕双龙衔灵芝。

▷ **黄花梨有束腰直腿打洼条桌　清早期**

长105厘米，宽46厘米，高89厘米

△ 黄花梨双矮老方桌　明末清初

长89.5厘米，宽89.5厘米，高83.5厘米

　　方桌攒框镶板，沿部中部打洼，周身出榫。牙板及牙条间装双矮老。为保持整体风格，矮老、牙板皆混面。直腿外圆内方，抱肩榫结构，整体简洁稳重。

△ 黄花梨圆包圆条桌　明代

长146厘米，宽50.5厘米，高83厘米

　　黄花梨木制，桌面沿为混面，枨为裹腿双劈料，长枨与桌面等长，短枨与桌面等宽，长短枨裹腿相交，俗称"裹腿做"，牙条与枨之间装螭龙纹卡子花，圆柱形腿。此桌无过分雕琢，却处处经意，完全以线脚装饰，充分体现了明式家具明快、俊美的风格。

（2）琴桌

专用的琴桌早在宋代就已出现。宋徽宗赵佶的《听琴图》中反映了琴桌尺寸、用料等情况。明代的琴桌大体沿用古制，尤讲究以石为面，如玛瑙石、南阳石、永石等。

△《听琴图》（局部）中的家具陈设 宋 赵佶

（3）棋桌

　　棋桌是专用于弈棋的一种桌子，多为方形。棋桌一般为双层套面，个别的还有三层面。套面之下，正中做一方形屉，里面存放各种棋具、纸牌等。方屉上有活动盖，两面各画围棋、象棋两种棋盘。棋桌平时也可当书桌用。

△ **黄花梨棋桌　明末清初**
长88厘米，宽88厘米，高87厘米

（4）圆桌

圆桌是桌类家具中的精品，现在流传下来的多为清代之物。桌面大小各异，从直径80厘米一直到150厘米以上。腿足从独脚、三足、四足、五足，一直到六足。圆桌是传统家具中的摆设品，在造型上圆润而灵巧，雕饰繁缛精美。

半圆桌也称月牙桌，通常靠墙安置陈设。两张半圆桌又可以合成一张整圆桌。

▽ 黄花梨雕花半圆桌（一套）　明代
尺寸不一

3 │ 案

案因其形制不同，分为平头案和翘头案。

（1）平头案

平头案一般案面平整，如宽大的画案和窄长的条案等。条案的做法多为夹头榫结构，两侧足下一般装有托泥。

△ **黄花梨雕凤纹小平头案　明代**
长118厘米，宽49厘米，高80厘米

△ 黄花梨插肩榫方腿平头案　明末清初

长130厘米，宽40厘米，高83厘米

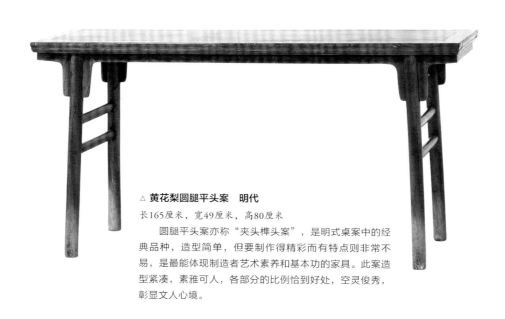

△ 黄花梨圆腿平头案　明代

长165厘米，宽49厘米，高80厘米

　　圆腿平头案亦称"夹头榫头案"，是明式桌案中的经典品种，造型简单，但要制作得精彩而有特点则非常不易，是最能体现制造者艺术素养和基本功的家具。此案造型紧凑，素雅可人，各部分的比例恰到好处，空灵俊秀，彰显文人心境。

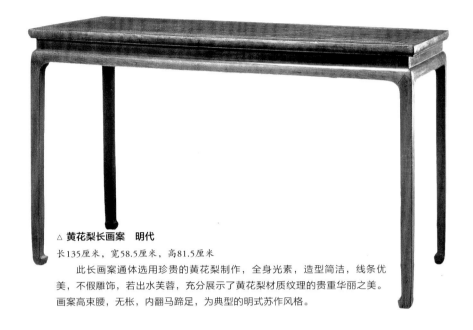

△ **黄花梨长画案　明代**

长135厘米，宽58.5厘米，高81.5厘米

　　此长画案通体选用珍贵的黄花梨制作，全身光素，造型简洁，线条优美，不假雕饰，若出水芙蓉，充分展示了黄花梨材质纹理的贵重华丽之美。画案高束腰，无枨，内翻马蹄足，为典型的明式苏作风格。

（2）翘头案

　　翘头案的面两端装有向上翘起的飞角，其形态因像羊角直冲、雄健壮美而故名。

　　根据不同用途，案又可分为食案、书案、奏案、毡案、敧案、香案等，下面择要介绍。

（1）食案

　　食案为进食的器具，形如旧时饭馆上食的方盘。食案和盘的区别在于案下都有矮足。食案大都较小且轻，具有使用灵便的特点。

（2）书案

　　书案是指读书、写字所用的案。这种案不但案面平整，且案足宽大，并做成弧形。书案和专用食案不同。食案往往在边沿处做出高于面心的拦水线，且都较矮，便于搬动，而书案较食案要高，以便于读书和写字。

（3）奏案

　　奏案较书案还要大一些，专供帝王和各级官吏升堂处理政务或接受奏章所用。如《江表传》中记载，"曹公平荆州，仍欲伐吴，张昭等皆劝迎曹公，唯周瑜、鲁肃谏拒之。孙权拔刀斫前奏案曰：'诸将复有言迎北军者，与此案同。'"

（4）毡案

毡案是在案面上铺饰毡子，供人坐藉，是把案当床使用。如《周礼·掌次》中记载，"王大旅上帝，则张毡案。"

三 床类家具鉴赏

床类家具指各种卧具以及部分大型坐具。床是中国各种家具中历史最为悠久的一类家具，相传是远古的神农氏发明了床。

床是家具中的大件，故最能反映传统礼仪、民俗风情、文化氛围。床类有罗汉床、拔步床、架子床、片子床等。

1 | 罗汉床

罗汉床是一种三面装有围栏但不带床架的榻。围栏屏有三屏、五屏、七屏之分，屏背中间最高，次则渐级阶梯而下。围栏的做法有繁有简，最简洁的有用三块整板作围栏的，后屏背较高，或以小木做榫攒接成几何形棂格式图案。

罗汉床的形制大小不一，形制较小的一般称为榻，有"弥勒榻"之称。罗汉床的主要功能应以待客为主。明式罗汉床的造型多简洁素雅，坚固耐用，传世作品完整的较少。清代罗汉床围栏出现大面积的雕饰，图纹题材广泛，有人物故事、山水景色、树石花鸟及龙凤戏珠等不少喜庆吉祥的传统图案，但不免让人产生过于豪华、精致有余、雕饰繁缛之感，不如明式罗汉床实用。

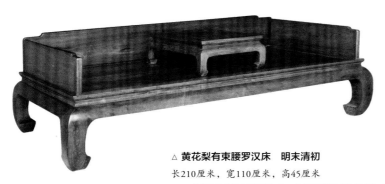

△ **黄花梨有束腰罗汉床　明末清初**

长210厘米，宽110厘米，高45厘米

此罗汉床为三屏风式，床围子攒框装芯板，束腰马蹄腿、独面床板，纹理如行云流水，造型简洁明了。

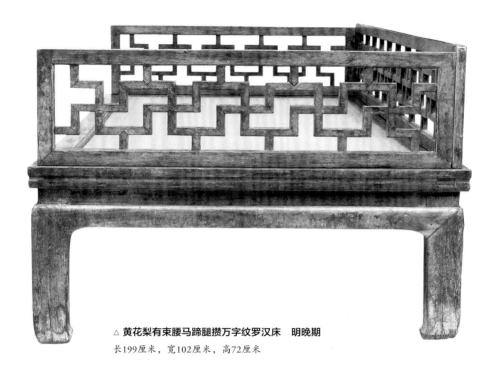

△ 黄花梨有束腰马蹄腿攒万字纹罗汉床　明晚期

长199厘米，宽102厘米，高72厘米

2 | 拔步床

拔步床是一种传统的大型床，安置于一个类似建筑物的庞然大物之中。床与前围栏之间形成一个不小的廊子，廊子的两头可置放箱柜之类的小家具，廊下有踏板。拔步床的围栏有门有窗格，平顶板挑出，下饰吉祥寓意的雕刻物，就像古代建筑一样。

拔步床在工艺装潢上一般都采用木质髹漆彩绘，常常被装点得金碧辉煌。整个床就像个小屋子似的。这受南方人的崇尚，因为南方潮湿而多蚊蝇。直至今天，拔步床在江浙一带的乡村依然在使用。

3 | 架子床

架子床是中国古代床中最主要的形式，是从拔步床发展而来。通常的做法是在床的四角安立柱子，搭建架子，形状就像是一间小巧玲珑的屋子。架子床的床架装潢考究，顶盖四周围装楣板和倒挂牙，前面开门围子，有圆洞形、方形及花边形。棂子板的图案有的是用小木块镶成的图形，如狮子滚绣球、福禄寿等。床面上的两侧和后面装有围栏，它们都被雕刻得精美绝伦。发展到后期的架子床还有床屉，专门用来盛放席子等物。

△ **黄花梨六柱架子床　明代**

长217厘米，宽147厘米，高229厘米

△ 黄花梨六柱龙纹架子床　明代

长218厘米，宽148厘米，高227厘米

△ 黄花梨簇云纹马蹄腿六柱式架子床　清早期

长219厘米，宽149厘米，高200厘米

△ 黄花梨架子床　清早期

长221厘米，宽120厘米，高192厘米

△ 黄花梨六柱攒斗四簇云龙纹围子架子床　清早期

长230厘米，宽144厘米，高221厘米

　　后来，架子床的制造作进一步简化，成为只有几根栏杆的架子床，留下的架子主要是为了张挂蚊帐，装饰功能退居其后。

△ **黄花梨无束腰八足攒棂格围子六柱式架子床　明中晚期**

长202厘米，宽120厘米，高207厘米

　　此件架子床造型独特，床座为四面平结构，不设束腰，直牙条以抱肩榫结合腿足，腿足上端出双榫纳入床底边框，下收为形状俊俏的马蹄足。床座边框内缘踩边打眼。六根直立角柱的下端做榫拍合床座边框上凿的榫眼。承尘正面装挂檐，中有矮老做肩裁入分格，嵌入开光条环板，挂檐以双榫与角柱和床顶结合。床座上的三面围子做榫入角柱，短料镂挖后以榫卯攒斗灯笼锦图案。

四
椅凳类家具鉴赏

椅凳类家具是专用坐具，它们的发明及发展见证了人类文明的发展——从学会直立行走到使用工具到享受文明的漫长过程。椅凳种类繁多，具体包括椅、杌凳、长凳、坐墩、交杌、宝座等。椅凳类家具的进化规律是由矮到高，由简到繁。

▷ **黄花梨高靠背灯挂椅　清早期**
宽52厘米，深41.5厘米，高105.5厘米

椅是一种带围栏可依凭的坐具。最早是在汉灵帝时期出现的，或可追溯到西周年代，由胡床进化而来。椅类有宝座、交椅、官帽椅、玫瑰椅、圈椅、灯挂椅、太师椅、靠背椅等。

△ 明式黄花梨四出头官帽椅　明代

宽65厘米，深47厘米，高118厘米

　　"四出头"椅因椅子的扶手与搭脑出头，搭脑与古代官员帽子的展翅相似而得名。此件黄花梨官帽椅搭脑呈枕形，两端出头；素面靠背板，前后椅腿以一木相连，三弯弧形的扶手流畅自然，下方支以三弯形圆材连棍；座面以独板黄花梨攒框而做，沿边起阳线，迎面腿足置步步高赶脚枨。此椅的制作比例优美挺拔，线条简练流畅，"鬼脸"变化多端，隽永耐看，是一件标准的明式家具。

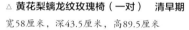

△ **黄花梨螭龙纹玫瑰椅（一对）　清早期**

宽58厘米，深43.5厘米，高89.5厘米

△ **黄花梨玫瑰椅（一对）　明末清初**

宽57厘米，深43.5厘米，高85.5厘米

　　此玫瑰椅精选上等黄花梨木，选料考究。椅背搭脑及扶手采用烟锅袋式榫卯结构，搭脑及扶手皆以券形壶门牙子为饰，并雕刻回纹点缀，后背及两侧皆有围栏。座面攒框镶独板，面下双矮老、罗锅枨，腿间安步步高枨，迎面及两侧枨下安有素牙条。直腿圆足，侧脚收分。造型小巧美观，古朴雅致，木纹精美，色泽光润，线条柔和，工艺精湛。

1 | 宝座

　　宝座也称坐椅、床式椅。其特点是特别大，犹如今天的双人椅。宝座是中国古典家具中最庄重的坐具。明代《遵生八卦》中记载，"默坐凝神，运用需要坐椅，宽舒可以盘足后靠，使筋骨舒畅，气血流行。"

　　宝座最初专供皇帝受用，装饰豪华，制作工艺多以木质髹以金漆。后来，宝座走进贵族豪门，出现了硬木精制品，通常所见的有三屏式、五屏式与圈椅式，饰以龙凤纹样。

　　宝座大都单独陈设，很少配对。前置踏脚，后面摆置落地大屏风，以示庄重。椅上还要放置坐褥与靠垫。民间所用的禅椅、半床及贵妃榻都是从宝座派生而来。

2 | 交椅

　　交椅是中国北方游牧民族最先使用的，后传入中原。因便于折叠，外出携带方便，备受上层达官贵人的宠爱，他们外出巡游、狩猎时都会带上交椅。交椅的结构是前后两腿交叉，交接点作轴，上横梁穿绳带，可以折合，上面安一栲栳圈儿。因其两腿交叉的特点，遂称"交椅"。

▷ **黄花梨圆后背交椅　清代**

长79厘米，宽63厘米，高100厘米

　　交椅作为可以折叠的椅凳，其基本结构在宋代已经定型。该椅的靠背板采用三截攒成，上面透雕螭纹开光，中间为麒麟、山石、灵芝，下面为卷草纹。椅面软屉以绳编成。下有踏床，既可翻转，亦可卸下。各构件交接处及踏床床面均用如意头铜饰加固。

3 | 官帽椅

官帽椅即扶手椅，是椅类中的珍品，因其造型如官帽而得名。官帽椅是明式家具的代表作之一，可分为南官帽椅、四出头式官帽椅。南官帽椅是一种搭脑和扶手不出头的椅子，与前后腿立柱上端弯转榫接的是软圆角。四出头官帽椅在南方使用较广，制作时大多用圆材，给人以圆浑、优美的感觉。所谓四出头，就是椅背搭脑的两头与扶手前拐角处均出头。

△ **黄花梨四出头官帽椅（两件） 明代**
宽59.5厘米，深45厘米，高117.5厘米

△ 黄花梨六方形南官帽椅（一对）　明晚期

宽54厘米，深73厘米，座高49厘米，通高91厘米

　　此椅六足，是南官帽椅中的变体。座面以上，搭脑、扶手、腿足上截和联帮棍都做出瓜棱式线脚。座面以下，腿足外面起瓜棱线，另外三面是平的。座面边抹用双混面压边线，管脚枨用劈料做，都是为了取得视觉上的一致。靠背板为三段攒框打槽装板，边框也做出双混面；下段为云纹亮脚，中段装板，上段透雕云纹，故意将花纹压低，而使火焰似的长尖向上伸展，犀利有力。

▷ 黄花梨苍龙教子官帽椅（一对）　明末清初

宽65厘米，深49厘米，高112厘米

　　这个官帽椅的搭脑中间呈枕形，两端出头；三弯靠背板宽厚，上部开光如意云纹头，内浮雕"苍龙教子"图案。后腿上截出榫纳入搭脑，鹅脖与腿足也是相似做法。扶手呈三弯弧形。椅盘格角攒边置屉，座面下三面安卷草纹券口牙子，周边起阳线，腿足间置步步高赶枨。

△ **黄花梨云龙纹四出头官帽椅　清早期**
宽61厘米，深52厘米，高118厘米

4 | 玫瑰椅

　　玫瑰椅，江南一带称为"文椅"。出现时间较早，至明代时已经非常普遍。玫瑰椅的四腿、靠背及扶手全部采用圆形直材，较其他椅式新颖别致。其最主要的特点是椅背通常低于其他各式椅子。玫瑰椅一般配合桌案而陈设，是文人书房的一种坐具。

△ **黄花梨券口靠背玫瑰椅（一对）　明代**

宽57厘米，深43厘米，高84厘米

　　此对玫瑰椅的设计外方内圆，工艺稳重但又不失秀巧。搭脑两端与扶手前端以烟袋锅的手法连接，靠背与扶手的围合空间内装配夔龙纹券口牙子，牙子中间减地阳雕，饰八卦纹。前立柱与足采用一木连做，在靠背与扶手内，距离椅盘约6厘米施横枨，枨下加矮老。

▷ **黄花梨玫瑰椅　明末清初**
宽56.8厘米，深43.4厘米，高84.3厘米

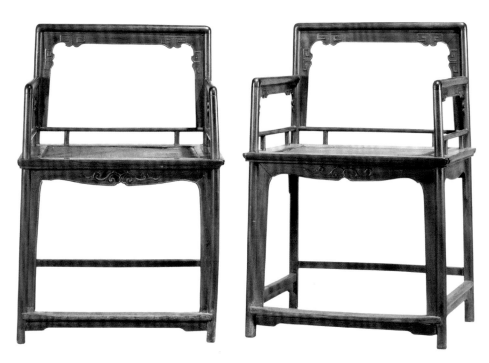

△ **黄花梨玫瑰椅（一对）　明末清初**
宽60厘米，深49厘米，高87厘米

5 | 圈椅

　　圈椅也称罗圈椅，由交椅发展和演化而来的。椅圈后背与扶手一顺而下，就坐时，肘部、臂部一并得到支撑，很舒适，颇受人们喜爱。与交椅的不同之处是不用交叉腿，而采用四足，以木板做面。

　　圈椅大多只在背板正中浮雕一组简单的纹饰，但都很浮浅。背板都做成"S"形曲线，是根据人体脊背的自然曲线设计的。

△ 黄花梨圈椅　清早期

宽59厘米，深45.5厘米，高95厘米

▷ **黄花梨圈椅　清早期**
宽58.5厘米，深45.5厘米，高97厘米

△ **黄花梨螭龙纹圈椅（一对）　明末清初**
宽59厘米，深45.5厘米，高98厘米

△ 黄花梨如意云纹圈椅（一对） 明代

宽61.5厘米，深47.7厘米，高103厘米

△ 黄花梨雕牡丹圈椅（一对） 明代

宽59.5厘米，深45.5厘米，高100.5厘米

圈椅以优质黄花梨木制成。靠背板呈"S"形，饰以浮雕牡丹，两侧雕两个小花牙，寓意富贵吉祥，体现了实用性与艺术性的统一。椅面攒框镶板，无束腰，牙板素工，下设壶门券口。椅腿下安步步高升赶脚枨，直圆腿。此对黄花梨圈椅木纹紧密，形制规整，古拙妍秀，简洁舒展，干净利落。

6 | 太师椅

太师椅起源于南宋。明清时，制作上常以大狮与小狮为图样，寓意太师、少师，故称太师椅。太师椅原为官家之椅，以乾隆时期的作品为最精，一般都采用紫檀、花梨与红木等高级木材打制，还有镶瓷、镶石、镶珐琅等工艺。椅背基本上是屏风式，有扶手。清中期后，太师椅走进寻常百姓家，摆设在厅堂里，多与八仙桌、茶几配套使用。

△ 太师椅

7 | 靠背椅

靠背椅指光有靠背没有扶手的椅子，有一统碑式和灯挂式两种。一统碑式的椅背搭头与南官帽椅相同。灯挂式椅的靠背与四出头式相同，因其横梁长出两侧立柱，又微向上翘，犹如挑灯的灯杆，由此而得名。相较官帽椅，靠背椅椅型略小，具有轻巧灵活、使用方便的特点。

8 | 凳

凳较少出现在较高雅的场合，通常是在平民百姓家，富贵人家也只是卧室与偏房的用具。凳的品种不如椅类多，包括绣墩、圆凳、条凳、方凳、春凳等。

绣墩又名坐墩，是凳类家具中的珍品，因其上面多覆盖一方丝绸绣织物而得名。绣墩多为圆形，两头小，中间大，形如花鼓，所以又称花鼓凳。

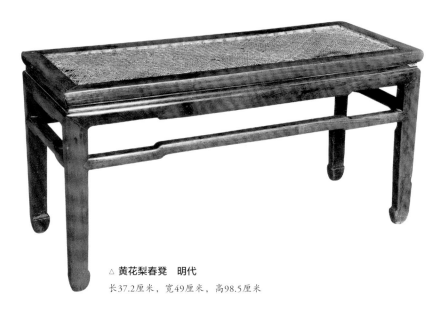

△ 黄花梨春凳　明代

长37.2厘米，宽49厘米，高98.5厘米

△ 黄花梨有束腰三弯腿罗锅枨方凳　明代

长52厘米，宽52厘米，高54厘米

△ **黄花梨长条凳 明代**

长100厘米，宽33厘米，高44.5厘米

△ **黄花梨方禅凳 明代**

长60厘米，宽60厘米，高49.3厘米

此禅凳为标准明式家具杌凳类形制，攒框镶软屉，乘坐舒适。冰盘沿，无束腰，罗锅枨，下承直腿，线条明练。

△ **黄花梨方凳　明代**

长50.5厘米，宽45.5厘米，高52厘米

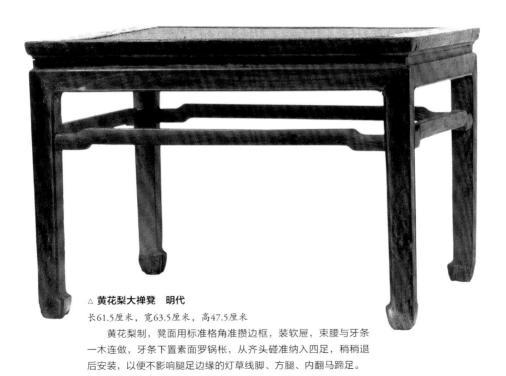

△ **黄花梨大禅凳　明代**

长61.5厘米，宽63.5厘米，高47.5厘米

黄花梨制，凳面用标准格角准攒边框，装软屉，束腰与牙条一木连做，牙条下置素面罗锅枨，从齐头碰准纳入四足，稍稍退后安装，以便不影响腿足边缘的灯草线脚、方腿、内翻马蹄足。

△ **黄花梨圆腿直枨长方凳　明末清初**

长52.5厘米，宽52厘米，高43厘米

　　制作绣墩多用较高级的硬木，如花梨、紫檀、红木。在使用时，则根据不同季节辅以不同的坐垫。为破除圆墩形的沉闷，一般都要在鼓腰开洞孔，通常称"开光"。墩身有光素与雕刻之分，雕刻的花纹常常有拐子龙纹、藤纹等。绣墩与圆凳的主要区别是绣墩有托泥，而圆凳的腿是直接着地的。

　　圆凳的凳脚直接落地，有三足、四足、五足、六足之分。足式有直脚、收腿式、鼓腿式。有一种五足圆凳，造型呈梅花形，故称梅花凳。

　　明式圆凳造型敦实凝重，以带束腰的占多数。三腿者大多无束腰，四腿以上者多数有束腰。圆凳与方凳的不同之处在于方凳因受角的限制，面下都用四足；而圆凳不受角的限制，最少三足，最多可达八足。

　　杌和凳属同一器物，没有截然不同的定义。杌凳是不带靠背的坐具，可分有束腰、无束腰两种形式。有束腰的都用方材，很少用圆材；而无束腰杌凳是方材、圆材都用。有束腰者可用曲腿，如鼓腿彭牙方凳；而无束腰者都用直腿。有束腰者足端都做出内翻或外翻马蹄；而无束腰者的腿足无论是方是圆，足端都很少做装饰。杌多正方形，长方形杌不多。

　　凳类中有长方和长条两种，长方凳的长宽之比差距不大，一般统称方凳，长宽之比在2：1～3：1。可供两人或三人同坐的多称为条凳，坐面较宽的称为春凳。

　　春凳由于坐面较宽，还可作矮桌使用，是一种既可供坐又可放置器物的多用家具。条凳坐面细长，可供两人并坐，腿足与牙板用夹头榫结构。一张八仙桌，四面各放一长条凳，是店铺、茶馆中常见的摆法。

△ **黄花梨软体大方杌　明代**
长85厘米，宽65.3厘米，高51.5厘米

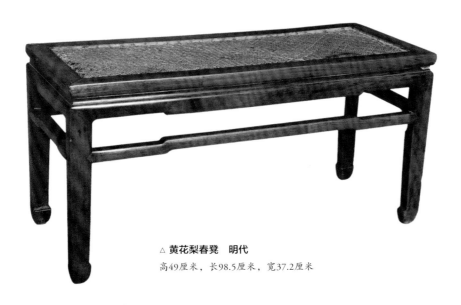

△ **黄花梨春凳　明代**
高49厘米，长98.5厘米，宽37.2厘米

五

橱柜类家具鉴赏

橱柜类家具的使用大约始于夏、商、周三代。《国语》中记载，"夏之衰也，褒人之神化为二龙，……夏后卜杀之与去之与止之，莫吉。卜请其漦而藏之，吉。乃布币焉而策告之，龙亡而漦在，椟而藏之，传郊之。"椟，即今人所称的柜。

至明清时期，黄花梨箱、柜类家具已成为人们日常生活中必要的用品之一，可分为柜、箱、盒三大类。此类家具用途多样，或盛放衣服行李，或放书籍等，制作工艺也堪称古典家具的典范。

1 | 柜

黄花梨柜一般都形体较高，可以存放大件或多件物品。对开两门，柜内装樘板数层。两扇柜门中间有立栓，柜门和立栓上钉铜饰件，可以上锁，为居室中必备的家具。黄花梨柜的种类有柜橱、顶竖柜、亮格柜、圆角柜、方角柜、书格等。

柜橱是一种柜和橱两种功能兼而有之的家具，形体不大，高度相当于桌案，柜面可作桌面使用。面下安抽屉，在抽屉下安两扇柜门，内装樘板为上下两层，门上有铜质饰件，可以上锁。柜橱陈设在室内。明代柜橱种类很多，做工与桌案一样，大都是侧脚收分明显，高度与桌案相仿。

顶竖柜是一种组合式家具，在一个立柜的顶上另放一节小柜，小柜的长和宽与下面立柜相同，故称"顶竖柜"。顶竖柜大多成对陈设在室内，或两个顶竖柜并列陈设，因其共由两个大柜和两个小柜组成，所以又称"四件柜"。在明清两代传世家具中，顶竖柜占相当一部分比重。

亮格柜是书房、厅堂内常用的家具之一，集柜、橱、格三种形式于一体。亮格柜通常下部做成柜子，上部做成亮格，下部用以存放书籍，上部陈放古董玩器，做到实用和美观的有机统一。

圆角柜的四边与腿足全部用一木做成，柜顶角与柜脚均呈外圆内方，又称"圆脚柜"。圆角柜体型较大，有两门、四门两种，其特点是稳重大方、坚固耐用。

方角柜是指用方材作框架，柜面的各体都垂直成90°，没有上敛下伸的侧

△ 黄花梨气死猫圆角柜　明代

长81厘米，宽39厘米，高159厘米

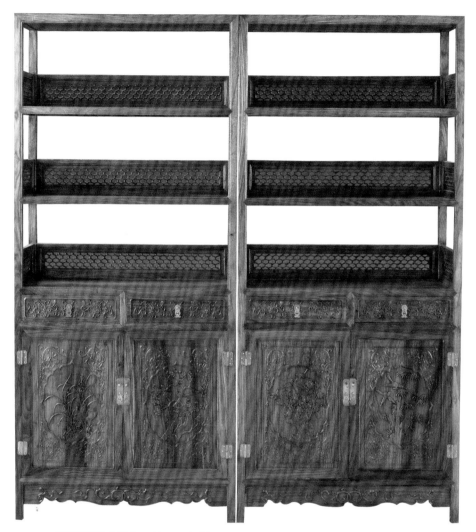

△ **黄花梨亮格书柜（一对）　明末清初**

长85厘米，宽32厘米，高190厘米

　　柜体通身为黄花梨木所制，柜上三层亮格，三边透雕菱花围栏，中有两屉，柜格下两腿间有雕花牙条，两柜四门，浮雕梅兰竹菊图案。

△ **黄花梨无柜膛面条柜 明代**

长71厘米，宽39厘米，高109厘米

△ **黄花梨木方角柜　明末清初**

长76厘米，宽38厘米，高124厘米

　　四根方材柜腿以棕角榫与柜顶边框接合，柜门纹理粗犷，中央面叶与吊牌皆为黄铜制。方角柜硬挤门，未设柜膛，通体光素，仅在正面腿间牙板上铲地浮雕卷草纹，以作点缀，侧面牙板边缘起阳线。

△ 黄花梨万历柜（一对）　明末清初

长101.5厘米，宽44厘米，高197.5厘米

　　标准明式万历柜样式，通体采用珍贵黄花梨制作，上部亮格有后背板，三面券口及栏杆都透雕寿字及螭纹。每扇柜门中间加抹头一根，上下分成两格，装板为外刷槽落堂踩鼓。上格方形，倭角方框中套圆光，浮雕牡丹双凤，四角用云纹填实。下格略呈长方形，浮雕牡丹双雀。几子牙条上雕卷草纹。黄花梨木质精良，色泽瑰丽，制作精细，雕刻工艺精湛，是一件极具装饰性的经典明式家具。

△ **黄花梨亮格柜　明末清初**

长93厘米，宽48.5厘米，高174厘米

　　黄花梨木制，四面平式，亮格后背装板，三面卷口平条，柜门加栓杆，平池对开，圆形铜面叶上装有拉手，底枨装刀子牙板，通体线角浑方，无任何装饰压线，器态古雅清逸，比例绝佳，丝毫未经修正，年代悠久，很是难得。

△ 黄花梨双抽屉上格券口带栏杆亮格柜　明晚期

长114厘米，宽46厘米，高182厘米

△ 黄花梨方材圆角柜　明代

长74厘米，宽45厘米，高123厘米

△ 黄花梨五抹门圆角柜（一对）　明代

长87厘米，宽43厘米，高181厘米

脚，柜顶也无喷出的柜帽，门扇与立栓之间由铜质合页联接，也可称"一封书"式方角柜。有的方角柜柜身大框及门的边抹都打洼，做法颇有古趣。

书格是专门存放书画的用具。南北方称呼不同，南方多称为书橱，北方称书柜。书格属于柜橱中的架格类。柜橱多有门，而架格多无门。

书格为架格的一种，正面基本不装门，两侧与后面大都空透。在每个屉板两侧与后面加一较矮的挡板，其目的是挡住书籍落到后面，有围护挡齐的作用。正面中间装抽屉两具，是为加强整体柜架的牢固性，同时也增加了使用功能。

明代书格的出现为闷心的柜橱类家具增加了灵动和文气，其空敞无档、简约有序的线条架势深得文人的青睐。文人们对书格的设置也是极有讲究的，仅在书斋置设并非随处可设，不能滥设。

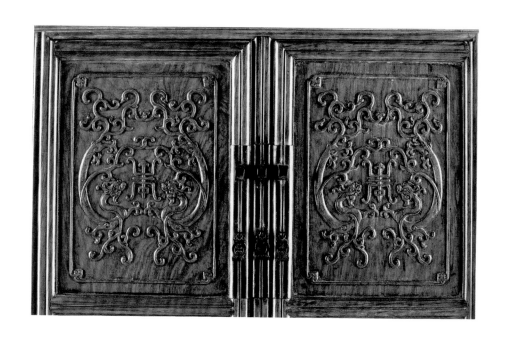

△ 黄花梨五抹门圆角柜（局部纹饰细节）

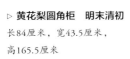

▷ **黄花梨圆角柜　明末清初**

长84厘米，宽43.5厘米，
高165.5厘米

　　此圆角柜采用精美黄花
梨木制。全身光素，黄花梨木
优美的自然纹理及色泽尽显无
余。内无柜膛，四足下舒上
敛，向外倾斜，侧脚显著，柜
顶喷出，俗称"柜帽"。一般
来说，柜帽喷出的尺寸就是足
下端与足上端相差的尺寸。柜
帽之设，首先是为了有地方挖
门臼，门扇的上轴得以安装，
同时也是为了柜子的造型稳
重。不难设想，下大上小的立
柜，如无柜帽则缺乏美感。此
设计造型稳重，更可让柜门自
动闭合，为使用者提供最大方
便，是体现明式家具设计超前
科学性的代表作。

△ **黄花梨圆角柜　明代**

长97厘米，宽49厘米，高150厘米

△ 黄花梨无柜膛圆角柜　清早期

长84厘米，宽47厘米，高148厘米

△ 黄花梨有柜膛方角柜　明代

长111厘米，宽55厘米，高199厘米

△ 黄花梨方角柜　清早期

长108厘米，宽56厘米，高140厘米

△ 黄花梨"卍"字纹书橱
（一对）　明代

长94厘米，宽50.5厘米，
高169厘米

▷ **黄花梨亮格书柜　明代**

长79厘米，宽43厘米，高182厘米

　　柜体四平式，上格下柜。中间
有两个抽屉，亮格作双层，四面敞
开。侧面方孔用钱纹攒门成栏，中
间两抽屉镶铜拉手，柜门加栓杆，
平池对开，方形铜合页。

△ **黄花梨书架（一对）　明末清初**

长89.5厘米，宽37厘米，高117.5厘米

　　书架由黄花梨制就，四面开敞，共三层，各层攒框镶屉板。两侧及后部立柱中间攒框镶涤环板，上开鱼门洞。两腿间有壶门券口牙条，起阳线。整体简洁得当，极具明式家具风范，又符合现代审美观。

2 | 橱

　　橱的形体与桌案相仿，面下安抽屉，两屉的称连二橱，三屉的称连三橱，还有四橱的，总称为闷户橱。

　　橱大体还是桌案的性质，只是在使用功能上较桌案发展了一步，大多用于存放杂物。不常用之物多放于闷仓。闷仓无门，取放物品时须将抽屉取下，事后再安装上抽屉。

▷ **黄花梨带抽屉橱柜　明代**

长85厘米，宽56厘米，高87厘米

△ **黄花梨两联闷户橱　明代**

长135.5厘米，宽45.9厘米，高95.5厘米

△ 黄花梨联三橱柜 清早期

长131.5厘米，宽45.5厘米，高80.5厘米

△ 黄花梨独板联二橱 清早期

长82厘米，宽40.5厘米，高81厘米

黄花梨联二橱为案形结构，橱面攒框镶板，翘头向外翻卷。冰盘沿，无束腰。设上下抽屉两具，壶门光素，贴雕花券口，装铜制素面拍子、插销、拉环。饰光素牙子。腿间置两条横板，坚固实用。该联二橱，形体别致，端正朴实，浑润柔和，为典型的明式风格。

3 | 箱子

箱子用于存储什物，一般形体不大，多是外出时携带，两边装提环。由于搬动较多，箱子极易损坏，为达到坚固的目的，各边及棱角拼缝处常用铜叶包裹。正面装铜质面叶和如意云纹拍子、钮头等，可以上锁。较大一些的箱子常放在室内，摆放在地上。为了避免箱底受潮走样，多数都配有箱座，也叫作"托泥"。黄花梨箱的种类主要有以下几类。

官皮箱是指一种专门用于外出旅行的箱子。形体较小，打开箱盖，内有活屉，正面对开两门，门内设数个抽屉，柜门上沿有仔口，关上柜门，盖好箱盖，即可将四面板墙全部固定起来。两侧有提环，正面有锁匙，是明代家具中特有的品种。

△ **黄花梨官皮箱　明代**

长25厘米，宽18厘米，高25厘米

◁ **黄花梨官皮箱　明末清初**

长28.5厘米，宽21.5厘米，高
29厘米

　　黄花梨材质，平顶，箱体
四角有铜活加固，正面圆形面
脸装云纹面叶，底稍喷出。官
皮箱为官员出行时盛物之用，
明清时期使用较多。此箱是比
较标准化的一种箱具。

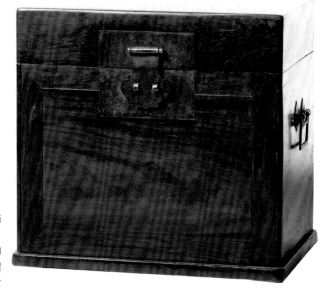

▷ **黄花梨独门官皮箱　明代**

长36厘米，宽25厘米，高32厘米

　　此箱盖掀开是一个平屉，箱
木为格角榫攒边打槽装独板门心，
箱上镶有长方形面页，黄铜云头拍
子。平卧式安装，箱两侧安有提
环，箱内七小屉，皆安有拉手。材
质珍贵，制作精巧，功能多样。

◁ **黄花梨宝顶官皮箱　明代**

长31厘米，宽23厘米，高32厘米

　　此箱造型儒雅，四角用铜件包镶，构思巧妙，箱内设四屉，箱盖留有浅屉，双开门上缘留子口，顶盖关好后，扣住子口，两门就不能打开。

▷ **黄花梨官皮箱　清早期**

长32厘米，宽24厘米，高30.5厘米

▷ **黄花梨官皮箱　清早期**

长31厘米，宽24厘米，高35厘米

　　此官皮箱采用黄花梨制作，全身光素，两侧板纹如行云流水，又如晕染开的中国水墨，自然天成。内设三层共五具抽屉，内板用铁力木装配。箱体正门两扇，箱盖与箱体扣合。

　　药箱的结构类似官皮箱，但无向上翻的箱顶，代之以两门，下承箱座，打开门后为多层抽屉，用于放置不同类别的药物，故名药箱。

◁ **黄花梨大药箱　明代**

长37厘米，宽40厘米，高31厘米

　　此箱由黄花梨木制成，箱四角镶铜以稳固箱体，呈长方形坐于泥托，双门对开，镶有长铜质活动栓杆，下安水滴式铜拉手。箱内七小屉，皆安有拉手。整箱花梨纹路清晰、艳丽，打磨精细，做工考究。

▷ **黄花梨药箱 明代**

长33厘米，宽18.5厘米，高31厘米

　　黄花梨材质制作，箱呈长方形，箱顶用燕尾榫平板结合作提案，以铜片加固，箱门为格角榫攒边打槽装独木板门心，门心上方装方形铜颌，面页长方形，箱内七小屉皆安有页面及铜拉手，因年代悠久，箱体有少许开裂，主人用铜雕三只蝴蝶嵌之用以加固，构思独特，别具一格。

◁ **黄花梨药箱 清代**

长34厘米，宽23.8厘米，高31厘米

△ **黄花梨双门八屉药箱　清早期**

长37.7厘米，宽30.5厘米，高33.6厘米

　　此箱精选黄花梨制成，箱顶四角榫卯相接包以铜角。箱门对开，攒框镶板，施以铜质方形面页，钮头、吊牌保存完好。箱子两侧饰有弧形把手。内置八个抽屉。底座四角也包铜角，起到固定保护作用。

◁ **黄花梨药箱　明代**

长34.5厘米，宽22.3厘米，高33厘米

　　此箱箱顶与两侧箱帮用燕尾榫平板结合，箱门为格角榫攒边打槽装木纹华美的独板门心。箱上镶有长方形黄铜合页，面页作长方形，上有曲形吊牌。箱内分三层设抽屉八具，皆安有黄铜面页与拉手。

轿箱多放于官轿之中，由此得名。箱体分为上、下两部分，上下相比，下凹上凸。上部与箱盖吻合，较长，可以放纸张或卷轴之类的东西；下部的两部均向内凹，可放官印、毛笔等物。轿箱模样轻巧，使用便捷。

▽ **黄花梨小轿箱　明代**

长36.5厘米，宽15厘米，高13厘米

轿箱选用黄花梨木制成，格肩交合构造。盖缘起线，箱正面中央镶铜制圆形面叶、如意云头形拍子。箱底缩进，呈反向凸形，两端留有侧室，以平活盖相掩。此物规格小巧，做工精细，甚为少见。

△ **黄花梨轿箱　明代**

长75厘米，宽19厘米，高14厘米

4 | 盒

盒与箱同属有盖的箱柜类器具。

提盒为古人存置物品之器，因其以提梁托盒而被称之为提盒，精制器盒多为古代大户人家所置。此器古已有之，但形制各有不同，有圆形、扁圆形、方形、长方形等，称谓也各不相同。至明代长方形提盒样式基本固定下来，分大、中、小三种类型。

大者高达1米、长也近1米，分多层，层层紧扣，棱角处多以铜叶或铁叶包镶，用圆形钉咬紧。每层两侧安金属接环，提梁居中处也置一金属环，这样可以使前后两人扛木穿环，由此有了挑箱的人物形象。

小提盒仅一手便可提携，为送食品及其他小型货物所备。明代时，小提盒很

◁ **黄花梨两撞小提盒　明末清初**
长18厘米，宽11.5厘米，高14厘米

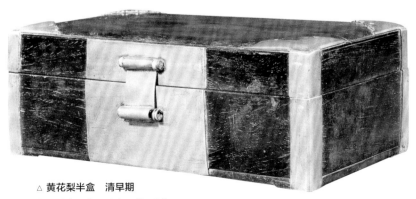

△ **黄花梨半盒　清早期**
长22厘米，宽13厘米，高8厘米

◁ 黄花梨提盒　清早期

长35厘米，宽19厘米，高23厘米

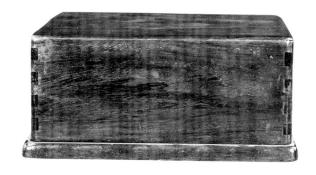

▷ 黄花梨砚台盒　清早期

长20厘米，宽15厘米，高9厘米

△ 黄花梨半盒　清早期

长28厘米，宽20厘米，高19厘米

受宠，形体更为精巧，制作工艺越发细致，用材多为黄花梨、紫檀、鸡翅木等上品硬木。至清代时，盒体上更是以象牙、白玉、蜜蜡、绿松石、玛瑙等各种名贵宝物嵌镶。

◁ **黄花梨提盒　清代**

长17厘米，宽11厘米，高13.5厘米

　　盒体连盖分三层叠落，最底下一层嵌落在底座的槽口中。提手的结合处为榫卯结构，两侧用"站牙"固定。提盒的四角为圆角包铜，做工精细，图案亮丽。保存至今，品相完好，实属不易，极具收藏价值。

△ **黄花梨文具箱　清代**

长31.8厘米，宽26.7厘米，高33厘米

　　黄花梨箱，正面开盖，内有抽屉可用于置物，两侧有铜提手，便于移动置放，边角包铜加固，故虽历经岁月，依旧完好，更添一层古朴沉静之气。

六
屏风类家具鉴赏

屏风是一种特别的家具，大约起源于西周初期。古代的房屋建筑高大宽敞，需要挡风与遮蔽，遂产生了屏风。

汉代以前，屏风多为单扇；汉代及以后，发展到双扇、多扇，可随意折叠开合，使用更加方便。明清时期，屏风不仅实用，更成为室内必不可少的装饰品。明清时期的黄花梨屏风主要有插屏、围屏、挂屏几种形式。

△ **黄花梨绿端石面案屏　明末清初**

长48厘米，宽32.5厘米，高58.5厘米

此案屏以黄花梨攒框嵌绿端石为屏芯，底座雕以抱鼓作墩，两侧则雕镂优雅的站牙，石板纹饰若有万千气象，虚实有无，气韵皆足。立柱间安以横枨，再以短柱分隔，嵌以海棠形开光绦环板。下端横枨接壶门式披水牙子，边缘起线。文房案屏存世量少，而案屏形制光素简练，造型典雅，置于书房案头，或有坐观清雅之致。

△ 黄花梨雕螭龙纹插屏式座屏风　清早期

长132厘米，宽78厘米，高215厘米

1 ┃ 插屏

插屏即把屏风结构分成上下两部分，分别制作，组合装插而成。屏座用两块纵向木墩各竖一立柱，两柱由横枨榫接，屏座前后两面装披水牙子，两柱内侧挖出凹形沟槽，将屏框插入沟槽，使屏框与屏座共同组成插屏。

插屏大小不等，大可挡门，间隔视线，俗称影屏，一般拔地而起。小者则谓案屏，设在厅堂条案或书房桌案之上，纯为摆设装饰附以风雅。

△ 黄花梨镶仕女粉彩插屏　明代

长28.5厘米，宽18.5厘米，高40.8厘米

△ 黄花梨嵌大理石面插屏　明晚期

长46厘米，宽27.5厘米，高63.5厘米

△ 黄花梨框嵌绿石插屏　明晚期

长32厘米，宽28.4厘米，高36厘米

▽ 黄花梨花卉螭龙纹绿石面插屏　清早期
长55厘米，宽38厘米，高73厘米

△ **黄花梨嵌绿端石插屏 明末清初**

长68.5厘米，宽31厘米，高74厘米

插屏以黄花梨嵌绿端石制成，周正规矩。屏心框架倭角，侧身打洼，嵌一周鱼门洞绦环板，内嵌绿端，石纹变幻莫测。底座以透雕螭龙站牙抵夹，八字披水，浮雕双龙捧寿。其淳厚不失素雅，是明代士大夫阶层的所好。

2 | 围屏

围屏也叫落地屏风、软屏风或曲屏风，是多扇折叠屏风。多为双数，少则2～4扇，多则6～8扇。4扇则称四曲，8扇则称八曲。每扇之间用销钩连接，折叠方便。

围屏多用木作框，屏芯用纸绢等饰，上面绘绣各种人物神话故事和吉祥图案。室内陈设，既可间隔大小，又能起到室内装饰的效果。

围屏特点是可根据室内空间大小自如曲直，轻巧灵便。

3 | 挂屏

挂屏是指贴在有框的木板上或镶嵌在镜框里供悬挂用的屏条。《西清笔记·纪职志》中记载，"江南进挂屏，多横幅。"

挂屏出现在清初，多代替画轴在墙壁上悬挂。雍、乾两朝宫内风靡，几乎处处可见。挂屏一般成对或成套使用，如四扇一组称四扇屏，八扇一组称八扇屏，也有中间挂一中堂，两边各挂一扇对联的。

挂屏与小插屏不同的是，它已脱离实用家具的范畴，成为纯装饰性的品类。

▽ **黄花梨螭龙纹十二扇围屏　清早期**
长710厘米，高305厘米

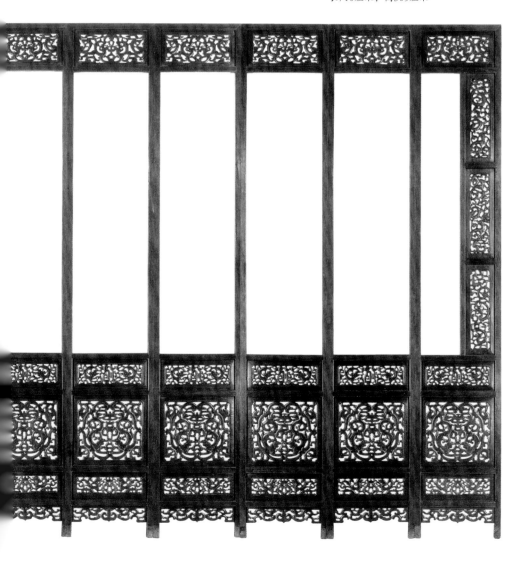

七

其他类家具鉴赏

黄花梨家具除了床榻、椅凳、桌案、橱柜、屏风，还有架、台、筒等。这些器具或大或小，虽非黄花梨制品的大宗，但大多数制作工艺精湛，不凡精品存在，体现了古人的审美情趣。

1 | 架

架是指日常生活中使用的悬挂用具，主要种类有衣架、磬架、盆架等。

△ 黄花梨镜架　明代

长39厘米，宽43厘米，高35厘米

△ **黄花梨书架（一对）　明末清初**

长95.5厘米，宽38厘米，高190厘米

　　书柜选优质黄花梨，形制古朴简约，挺拔秀丽。主体框架大多作双素混面，其中包括柜顶、腿子及横枨。书柜上部亮格，围栏透雕几何纹装饰，简洁明快；中部置两抽屉，下部柜门对开，光素简洁。书柜底端案壸门牙条。此对黄花梨书柜造型简练、结构严谨、装饰适度、纹理优美。

　　衣架是指用于悬挂衣服的架子，一般设在寝室内，外间较少见。古人衣架与现代常用衣架不同，其形式多取横杆式。两侧有立柱，下有墩子木底座。两柱间有横梁，当中镶中牌子，顶上有长出两柱的横梁，尽端圆雕龙头。古人多穿长袍，衣服脱下后就搭在横梁上。

2｜台

　　台是指日常生活中使用的承托用具，包括灯台、梳妆台、写字台等。

▷ **黄花梨帖架　明末清初**

长47厘米，宽42.6厘米，高37.2厘米

　　此帖架以黄花梨为材，制作简洁大方，榫卯结合牢固，设计简洁明快，彰显其材美物精之性。古人临帖练字时将帖架支起，所临之帖置于其上，不用时可将其折好收放，可见帖架是一种实用性强、设计巧妙的文房用具。

◁ **黄花梨雕花小衣架　明代**

长66厘米，宽36厘米，高161厘米

▷ **黄花梨龙头衣架　明代**

长83.5厘米，宽38厘米，高165厘米

　　此衣架为黄花梨木制，搭脑两端雕刻龙首，下透雕挂牙，衣架中部置两横枨，攒框透雕螭龙纹条环板。底部间作花杙式，抱鼓墩座。雕饰繁简相宜，刚柔并济，工艺精巧，美观实用。

▽ 黄花梨雕花大衣架　明代

长190厘米，宽55厘米，高177厘米

　　灯台属坐灯用具，常见为插屏式，较窄较高，上横框有孔，有立杆穿其间，立杆底部与一活动横木相连，可以上下活动。立杆顶端有木盘，用以坐灯。为防止灯火被风吹灭，灯盘外都要有用牛角制成的灯罩。

　　梳妆台又名镜台，形体较小，多摆放在桌案之上。其式如小方匣，正面对开两门，门内装抽屉数个，面上四面装围栏，前方留出豁口，后侧栏板内竖三至五扇小屏风，边扇前拢，正中摆放铜镜，不用时，可将铜镜收起，小屏风也

△ **黄花梨木十八抽写字台　明末清初**

长158厘米，宽85厘米，高84.5厘米

　　写字台为黄花梨木制，造型厚重大方，色泽古朴雅致。桌面攒框镶独板，冰盘沿，正面置十抽，左右分别设四抽，共十八具。屉面设铜制把手，置暗锁，下设脚踏，相得益彰。

▷ **黄花梨烛台（3件）　明代**

长6.5厘米，宽6厘米，高22.5厘米

可以随时拆下放倒。它和官皮箱一样，是明代常见的家具形式。

另外，还有一种简单折叠结构的镜台，通常称为镜架。它与衣架、盆架等架类的区别在于有用于支承镜子的木托。

3 ｜ 筒

筒具中，以笔筒最多见。笔筒用以纳笔，是保护毛笔的必备文具之一。

黄花梨笔筒大约出现在明朝中晚期，因使用方便，很快就风靡天下，至今仍盛而不衰。笔筒多为筒状、直口、直壁，口底相若，造型相对简单。明清黄花梨笔筒传世品极多，笔筒的装饰方法十分丰富，刻、雕、绘等工艺方法均体现无遗。

△ 黄花梨云龙纹大笔筒　明代
直径21厘米，高17厘米

△ 黄花梨玄纹笔筒　明代
直径13.5厘米，高15.5厘米

△ **黄花梨丁聪款双骏图笔筒　明代**

直径15.5厘米，高16厘米

▷ **黄花梨花鸟纹笔筒　明代**

直径13厘米，高14厘米

◁ **黄花梨雕凤鸟花卉纹笔筒　明末清初**

直径17厘米，高17厘米

　　此笔筒色泽沉浑红润，镶口有底，以浮雕技法
雕刻凤鸟花卉纹样，刻画细致，精美华丽。凤鸟或
飞翔，或站立，或回首，千姿百态，立体生动。此
笔筒精雕细琢，颇费工时，尤为难得。

◁ 黄花梨蝶戏兰笔筒 明代

直径10厘米，高11.5厘米

▷ 黄花梨笔筒 明代

直径14厘米，高15.5厘米

◁ 黄花梨大笔筒 清早期

直径21.5厘米，高21厘米

　　黄花梨因质地细腻、色泽沉静、纹理变化多样，备受世人喜爱。明末清初文人崇尚自然、追慕无华，工匠也充分展现黄花梨木质纹理之典雅华美。此笔筒平口直身，素无雕工，简洁规整，彰显大气。

▷ 黄花梨葵口形笔筒 清早期

直径14厘米，高14.5厘米

　　六角葵口镶底笔筒，黄花梨木制就。通体造型大气，内外包浆滋润，"鬼脸"木纹清晰可见，口起线，筒嵌底，底承三足，素雅大方。笔筒是文房中常见的品种，但六角葵口花纹形笔筒较少，且"葵"又与"魁"同音，寓意高中夺魁。

第四章

黄花梨家具的鉴别要素

一
黄花梨家具木质的辨识

1 | 与红木的区别

深色的黄花梨，加之使用年头久远，且保存状态又不好，乍一看会与红木很像。如何区分二者呢?

一看木质是否变形，黄花梨木木性较小，变形率也小，而且体轻温和;红木变形率大。

二看比重，黄花梨木比重较轻，入水多呈半沉状态;红木较黄花梨重一些，新砍下来的红木入水往往下沉。

三看木质韧性，黄花梨木脆度差，有很强的韧性，加工时可刨出类似弹簧外形一样长长的刨花;红木脆度高，韧性差，只能加工出碎如片状的刨屑。

2 | 与草花梨的区别

由于黄花梨木材断绝，草花梨作为补充而在晚清至民国时期出现于市场上。

草花梨在硬木中最为低档，色呈土黄而无光泽，木质粗疏，棕眼过大，与黄花梨很容易区分。

3 | 与新黄花梨木的区别

新黄花梨含水量多，故较老黄花梨木重一些;新黄花梨木纹含黑线多，且生硬。因此，很多木纹过于漂亮抢眼的反倒是新黄花梨木。

△ **黄花梨喜上眉梢纹官皮箱　明晚期**

长30厘米，宽33厘米，高28.3厘米

　　此件官皮箱黄花梨色泽深沉，纹质优美。所饰铜件皆为平镶，门板与箱盖以莲形面叶相接，云头形拍子开口容纳钮头，门上施精细的长方形合页、面页及鱼形吊牌。两侧设弧形提环。盖正面设菱形开光，铲地浅浮雕花卉纹。门板开光透雕梅花枝干转折，雀鸟停落枝头，闲逸自得，寓意"喜上眉梢"，意境清新，弥觉隽雅。底座壶门式轮廓，边缘起阳线雕卷云纹，平添古意。官皮箱内侧上层设平屉，安活轴装镜架。平屉下设抽屉五具，面页、吊牌保存完好。

黄花梨木与花梨纹紫檀木的区别

二

黄花梨木与其他木材的特点比较相近，易混淆，尤其是与花梨纹紫檀木。花梨纹紫檀木主产于我国海南岛和两广一带，故有人称之为海南紫檀，又因越南及周边国家也有生长，也称为越南檀。区分二者可从以下七点入手。

1 | 较比重

黄花梨木比重多比水轻，入水多半沉；花梨纹紫檀木质坚且重，放入水中即沉水底。

◁ **黄花梨盖牙方形座　明代**

边长31厘米，高15厘米

用珍贵的黄花梨材制成，台面倭角四方，束腰，镂空抛牙板，四条香蕉腿，下承托泥，材质珍贵，做工精良，造型别致，品相完好，值得珍藏。

△ **黄花梨云头牙板平头案　明代**

长216.5厘米，宽45厘米，高78.5厘米

画案的面窄边宽，回角浑圆，边抹作饼盘沿压线脚。牙板的边廓起阳线牙头镂空，作对望卷云状。圆柱形直腿。腿间另装有素浑面双直枨，此案沉稳内敛，极具文气，四条腿犹如柱石。

2 ｜ 辨棕眼

黄花梨木质地比较坚硬细密，棕眼非常小，海南黄花梨基本看不到棕眼；花梨纹紫檀木棕眼较小，呈牛毛纹状和蟹爪状。

3 ｜ 看色泽

黄花梨木色泽多呈黄色，黄中带红；花梨纹紫檀木的色泽比黄花梨木更深，呈橙红至深琥珀色，部分因年代久远失蜡而呈灰褐色。

4 ｜ 识鬼脸纹

黄花梨木的鬼脸纹多呈老人头、老人头毛发的纹理；花梨纹紫檀木的鬼脸纹则多呈圆形，有的有嘴有眼，但老人头、老人头毛发形状少见。

5 ｜ 闻气味

黄花梨木锯断面气味多辛辣，日久变为香气；花梨纹紫檀木锯断面散发出浓浓的蔷薇花梨味，非常独特。

6 ｜ 刮油质

黄花梨木含油质较少；花梨纹紫檀木油质较重，用手指轻轻一刮即起油痕。

7 ｜ 比心材

黄花梨木心材多实心，少空洞；花梨纹紫檀木心空洞的比较多，正所谓"十檀九空（心）"。

△ **黄花梨文具盒　明代**

长26厘米，宽15.5厘米，高8.5厘米

△ 黄花梨冰绽纹小万历柜　明代

长42厘米，宽32厘米，高74厘米

三 黄花梨家具辨识的方法

收藏爱好者怎样才能购买到货真价实的黄花梨家具呢？笔者根据自身长期的收藏实践，结合行业内相关朋友的研究结果，总结了以下九招供广大黄花梨家具收藏爱好者参考。

1 | 会闻

收藏爱好者在闻真正的黄花梨家具时能感觉到香味淳厚。这种香味属于辛辣香，有的还伴有轻微的酸味。另外，收藏者还可用小刀削取一些细小的碎末，放在杯子里，用滚烫的开水泼，会闻到有股很浓的香味。

2 | 会尝

收藏爱好者在收藏黄花梨家具时，可以用舌头品尝，能够感觉到一种微苦的味道。

3 | 会看

收藏爱好者要了解和掌握黄花梨家具的纹路特点：纹路流畅，新料经过加工打磨后纹理清晰美观，视感极好，有麦穗纹、蟹爪纹，纹理或隐或现，变化多端。辨别材料或家具是否为黄花梨木，还可以在其上面泼些清水证实，若是真正的黄花梨木，颜色、纹理会清晰呈现。若用火烧黄花梨的木屑，会发现烟发黑且直行上天，而灰烬则多为白色。

4 | 会摸

与收藏品亲密接触才能更好地感受它的魅力，黄花梨家具也不例外。真正的黄花梨木用手掂量，较沉，不会发飘。真正的黄花梨成品，手感应温润如玉，不会有阻手的感觉。用手触摸黄花梨家具能感受到木质坚硬、硬度极高，手感很好、粗而不刺，并有一股油性。触摸后手上还会有余香萦绕。

5 | 会比

真正的黄花梨家具，其用材的心材常呈现出红褐至深红褐或紫红褐色，且深浅不匀，常伴有黑褐色条纹，其边材呈现出灰黄褐或浅黄褐色。若色彩不符，收藏爱好者应慎重。

6 | 会找

一般情况下，刨平的黄花梨面上都会有一些"鬼脸"式纹样。鬼脸纹是因为黄花梨木在生长过程中结疤所致，黄花梨木的结疤与普通的木材不同，它没有规则，通常呈现出各种特殊的图案。但值得注意的是，不是所有的黄花梨都会有鬼脸。

7 | 会听

黄花梨收藏爱好者在进行收藏投资活动时，要学会倾听，留心辨别消息的真伪。如果谁说自己手里拥有大量黄花梨工艺品，特别说是新的，就要小心了！因为黄花梨早就被列入国家一级保护植物了，不再允许砍伐了，且黄花梨的成材木并不多！

△ **黄花梨两撞提盒　明末清初**

长22.5厘米，宽34.5厘米，高19厘米

　　此具提盒两撞，连同盒盖共三层，用长方框造成底座，两侧端设立柱，有站牙抵夹，上安横梁。每层沿口皆起灯草线，意在加厚子口。

8 | 会刨

黄花梨木的突出特性是具有很强的韧性和很小的内应力。它不像红木那样脆，这使木匠在施工时十分容易辨识。在刨刀口很薄的情况下，只有黄花梨木可以出现弹簧形状的、长长的刨花，而其他木材只有碎片般的刨屑，如红木。

9 | 会查

会查是指收藏爱好者在收藏黄花梨家具时，要认真检查异样情形。因为黄花梨家具的材料非常珍贵，硬度极大，上等的黄花梨家具、工艺品的生产制造就像玉器雕琢一样需要精雕细刻，木榫结构绝不可以使用铁钉，这只有具有相当深厚制作功底的艺人才能够完成。如果"有幸"遇到那些有铁钉的黄花梨家具就要非常小心了！

△ 黄花梨簇云纹马蹄腿六柱式架子床　明代

长252厘米，宽156厘米，高222厘米

第五章

黄花梨家具的价值与市场行情

一
黄花梨家具的价值

　　黄花梨家具备受推崇的原因主要有两点：一是明朝晚期政治腐败，文人阶层多对政治失去信心，转而将精力集中于生活享乐上；二是商品经济的萌芽使得文人有机会参与到家具的设计和制作活动中，在自己日常使用的家具上花费心血，将自己的审美意趣变成意见传达给施工工匠。工匠们则因市场的激烈竞争及自己的生存问题会更多地吸纳这些好的观点，从而导致了黄花梨家具整体设计的文人化倾向。这种倾向使得家具兼有简洁的风格、舒适实用的功能、文雅的意趣等特征。这些特征直到现在也被美术史论家所肯定，成为家具收藏者狂热收藏的潜在原因。

　　黄花梨家具是所有硬木家具中价值最高的品种之一。黄花梨木资源稀少，日益难寻，物以稀为贵，加上近年来黄花梨家具交易价格不断攀高，因此投资黄花梨家具不失为一种明智的选择，但投资应理智，收藏与投资黄花梨家具应掌握以下三点。

△ **明式黄花梨皇宫椅　　明末清初**

高99厘米

1 | 艺术价值

中国古典家具多强调家具在意境上的渲染作用，善于用写意的手法提取其他器物和建筑上的精华部分，浓缩成一种含蓄深刻、着意于形的艺术美，营造某种艺术氛围，给人某种精神享受。黄花梨家具也是如此！

例如，明代黄花梨家具艺术风格别致，集木结构建筑的精华、书法艺术、形体造型艺术、雕塑艺术和雕刻艺术于一体。王世襄先生总结其艺术特点为"十六品"——简洁、淳朴、厚拙、凝重、雄伟、圆浑、沉穆、秾华、文绮、妍秀、劲挺、柔婉、空灵、玲珑、典雅、清新。

艺术美具有永久性，而非昙花一现，能跨越时空，流芳百世。

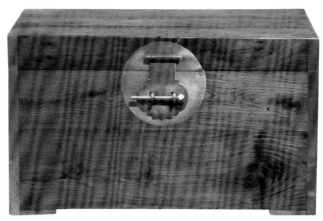

△ 黄花梨书箱　清代

长54厘米，宽34.5厘米，高33厘米

△ 黄花梨夔龙纹大翘头案　清早期

长239厘米，高97.5厘米，宽53厘米

△ 黄花梨四出头官帽椅（一对） 清早期

宽59厘米，深46厘米，高118厘米

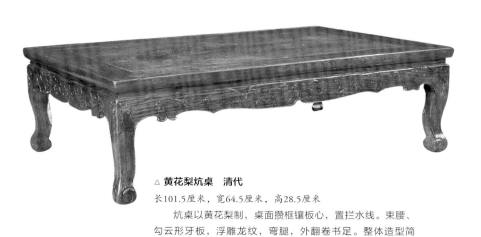

△ 黄花梨炕桌 清代

长101.5厘米，宽64.5厘米，高28.5厘米

炕桌以黄花梨制，桌面攒框镶板心，置拦水线。束腰、勾云形牙板，浮雕龙纹，弯腿，外翻卷书足。整体造型简练、雕工细腻、装饰简练、线条流畅、包浆莹润。

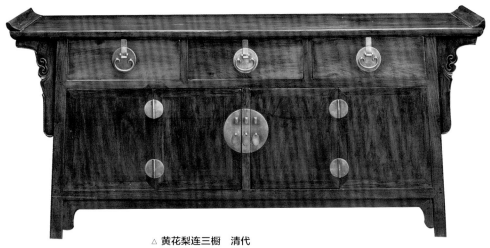

△ **黄花梨连三橱　清代**

长198厘米，宽55.9厘米，高87厘米

▷ **黄花梨黑漆圈椅　明晚期**

宽60厘米，深47厘米，高101厘米

2 | 文物价值

　　一件古典黄花梨家具不仅是一件精美的实用器物，更重要的是它身上负载着历史、文化、艺术、科技等文物信息，人们研究它，可以"管窥"当时的社会习俗、人文情况等。

　　历代皇家贵族、风流名士遗留下来的黄花梨家具，文物价值最高。例如，2010年南京一拍卖公司拍卖的一把"明代宫廷御制黄花梨交椅"，成交价格高达6 200万元。

△ **黄花梨两出头官帽椅　清早期**

宽58厘米，深44.5厘米，高99厘米

△ **黄花梨圈椅　清早期**

宽59厘米，深45厘米，高97厘米

此椅弧形椅圈自搭脑向两侧，通过后边柱向前顺势而下形成扶手。背板稍向后弯曲，形成背倾角，颇具舒适感。四角立柱与腿一木连做，"S"形联帮棍连接椅圈与座面。席心座面，座面下装壶门券口，雕卷草纹。腿间步步高赶脚枨寓意步步高升。圈椅为常见椅式，由交椅演变而来，上半部还留有交椅的形式。最明显的特征是圈背连着扶手，从高到低一顺而下。背板做成"S"形曲线，是根据人体脊椎骨的曲线制成的。

3 | 历史价值

"年代历史"是黄花梨家具最重要的价值指标。年代越早的家具，价值也相对越高。年代是指家具生产的时期，不同时期特征不同，也就有着迥异的艺术价值。

黄花梨家具属于实用器物，使用过程中会出现磨损、毁坏等情况。时间越久，保护完整的概率越小，因此投资升值空间也就越大。这完全符合"物以稀为贵"的投资定理。

△ 黄花梨插肩榫方腿平头案　明末清初
长120厘米，宽40厘米，高81厘米

▽ 黄花梨书箱　清早期

长21厘米，宽38厘米，高24厘米

　　此件黄花梨书箱纹质美观，若行云流水。四角用铜页包裹，盖顶四角镶云纹饰件，正面花叶形面页，拍子作云头形，两侧面安提环。盒盖相交处起宽皮条线，既起到防固作用，又增加装饰性。

△ 黄花梨夹头榫画案　清早期

长139.5厘米，宽85.5厘米，高39.5厘米

　　夹头榫条案为明式家具中的经典范例，案面攒框装板，边抹呈毗卢帽形，下接光素刀牙板。四腿以夹头榫与腿足相交。两侧腿足间各装两根横枨，视觉效果清朗。整案纹理连贯自然，线条简洁明快，包浆莹润，体现了明式家具的简约之美。

二
影响黄花梨家具价值的因素

1 | 家具造型与家具价值的关系

黄花梨木家具的价值高低与造型有着最直接的关系。不同的造型，价格不同，体现的品位也不同。

什么是造型？即家具的整体结构，整体的韵律。不同设计者、不同的时代等，造型风格也不尽相同。

造型是家具的基础，也是评判家具设计水平的重要标准。不论是古典家具还是现代家具，造型一定要符合基本规律，如实用、耐用、舒适、美观、安全性等。好的黄花梨家具总是给人以新颖脱俗之感，观之充满想象力和创造力，令人赏心悦目，如沐春风。

例如，明代黄花梨木家具之所以备受世人喜爱，受到藏家热捧，原则之一就是其造型简约，线条优美，体现着动与静、简与繁的对立与统一关系，达到从未有过的和谐与完美，创造出现今仍无法超越的家具艺术成就。黄花梨木是骨，造型就是肉，骨肉完美结合，黄花梨木才能够最大化地体现它的价值。

2 | 黄花梨木纹理与家具价值的关系

水的优雅、土的敦厚、骄阳的刚烈，天地之精华，使黄花梨木炼就出了如琥珀般的通透、如玉般的温润，以及宛若云雾缭绕仙境般行云流水的纹理。黄花梨木纹理与家具价值的关系应遵循以下原则及评价要素。

（1）纹理运用原则——"小俏大素"

黄花梨木纹理在家具制作中的运用要本着"小俏大素"的原则。遵循此原则制作的黄花梨木家具，价值较高；反之，价值较低。

"小俏"，即小件型的家具，纹理越俏、越丰富，越会增添家具的观赏性和趣味性；"大素"，则是指大型家具要素，素则雅、素则沉稳。

与"小俏大素"原则相反的是黄花梨木之忌，忌大俗、大乱、大花。

◁ 黄花梨四出头官帽椅　明末清初
宽60厘米，深64厘米，高103厘米

▷ 黄花梨仙鹤纹圈椅　明末清初
宽59.2厘米，深45.7厘米，高94.5厘米

△ 黄花梨圆角柜　明末清初
长95.5厘米，宽53厘米，高189.2厘米

△ 黄花梨无闩杆圆角柜　明末清初

长94厘米，宽51厘米，高191厘米

（2）鬼脸纹最尊贵

极富动感、变化无穷的纹理，是海南黄花梨木的灵魂，是其他名贵木材所不具备的。黄花梨木的纹理中，鬼脸纹是价值最高的纹理。自从明代以来，鬼脸纹备受文人雅士的喜爱与追捧。带有"鬼脸"的家具，价值大增。如果"鬼脸"被刻意安排在家具的案面、桌面、门扇、椅子靠背等开脸显要的位置上，该家具的价值往往是同类型家具的数倍。

◁ **黄花梨圈椅　明晚期**
宽60厘米，深46厘米，高98.5厘米

▷ **黄花梨灯挂椅　明晚期**
宽50厘米，深40.5厘米，高93.5厘米

（3）纹理价值的评判

评判纹理的价值，应用审视水墨画的眼光。

一看纹理是属于具象型还是抽象型，具象型纹理价值高于抽象型纹理。

二看纹理是否层次清晰、分明、富于渐变。

三看纹理的动感是否强烈、生动。

总而言之，考究的黄花梨木大型家具讲求的是家具各部位纹理间的和谐搭配，流动纹理和素雅纹理相配，素与雅相伴，动与静相随。小型家具，如印章盒、砚盒、文具盒、圈椅、南官帽椅、官皮箱等，往往透过精致、雅趣的纹理传达和寄托人们精神上所追求的理想意境。

◁ 黄花梨起线笔筒　明末清初

高15厘米，直径15厘米

△ 黄花梨笔筒　明末清初

高19.2厘米，直径23厘米

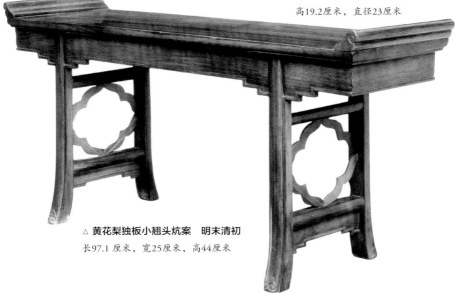

△ 黄花梨独板小翘头炕案　明末清初

长97.1厘米，宽25厘米，高44厘米

△ 黄花梨顶箱柜　明末清初
长47.8厘米，宽25.2厘米，高95厘米

△ **黄花梨大方角柜　明末清初**

长111厘米，宽55厘米，高199厘米

△ 黄花梨独板螭龙纹翘头案　明末清初

长231厘米，宽51厘米，高84厘米

3 | 不同品质的材料对家具价值的影响

　　海南黄花梨木的品质好坏，有两种排序方法：按照木材的质感，依次排序为紫花梨木、红花梨木、黄花梨木、白花梨木；按照木材的纹理，依次排序为黄花梨木、红花梨木、紫花梨木、白花梨木。

　　紫花梨木和红花梨木的纹理相对简单，颜色质朴、深沉，较适合制作顶箱柜、书柜、博古架、八仙桌、架子床、大画案、供案、四出头官帽椅等体型较大、讲求稳重的家具，从而使家具显得庄重、典雅。若换用颜色明快艳丽、纹理丰富的黄花梨木制作的家具则会显得轻飘、零乱。因此，体型大的家具选用紫黄花梨木制作的价值要远高于用红黄花梨木制作的价值，而用红黄花梨木制作的价值又高于用黄花梨木制作的。

　　黄花梨木的颜色明快、纹理丰富，适合制作交椅、圈椅、南官帽椅、中小条案、小圆角面条柜、罗汉床等轻松、活泼、趣味性强的家具。用黄花梨木制作笔筒、笔盒、印盒、墨盒、镇纸、算盘、佛珠、官皮箱等文房用具和工艺品能增添文具和工艺品的趣味性和观赏性。若用黄花梨木制作此类家具或文具，价值要高于用紫花梨木、红花梨木制作的。

　　近年来，用黄花梨木制作的仿明清式家具逐渐成为社会上新上流阶层追逐的家庭奢侈品。一些家具制作商单纯追求利润，将不同的材料拼凑到一起，冒充黄花梨木，或将小料经反复粘贴拼接成大料，制成大型家具。这些家具易受潮、生虫或变形而坏掉，哪怕造型再好，也不具备收藏价值。

△ **黄花梨方形桌　清早期**

边长82厘米

　　鼓腿彭牙式，肩部向外膨出，托腮肥厚，足底向内兜较多，并把马蹄做得接近圆球形。桌面光素，边抹及托腮均做线脚。

△ **黄花梨平头案**

长138厘米，宽42厘米，高83厘米

▷ **黄花梨带屉夹头榫小香案　清早期**

长72厘米，宽71.5厘米，高39厘米

　　此件小案，案面攒框装板芯，在案面下约30厘米的部位，四根圆腿之间加横顺枨，枨子打槽装屉板，形成平头香案的隔层，以增加小案的使用空间，可承置炉器香料之物。牙条以夹头榫与腿足相接，牙头锼成卷云状，颇显温婉秀气。

△ **黄花梨有束腰罗锅枨展腿方桌　清早期**

长87厘米，宽87厘米，高86厘米

　　此桌自肩部以下约30厘米的地方造成三弯腿外翻马蹄，看起来像一具接腿的大炕桌。以下则为光素的圆材直腿。桌面底部设穿带支撑，冰盘沿作打洼处理，至底部起线，可见透榫。牙板做成注膛肚形式，并琢出牙角，边沿灯草线延伸至腿腿，流畅优雅。牙子以下罗锅枨齐头碰与圆材腿足相接。优秀的黄花梨木与独特的形制完美结合、映衬，雕饰精巧，毫不繁复做作，造就了整器的妍秀清雅。

▽ **黄花梨带闩杆有柜膛圆角柜　清早期**

长84厘米，宽44厘米，高140厘米

　　此件圆角柜柜帽喷出。两扇门以格角榫攒框镶黄花梨独板，选料极精，一木对开，纹理清晰优美、明澈生动。装有中柱闩杆，闩杆及两扇柜门互为叠压，即需先卸下闩杆方可打开柜门。面页、钮头、吊头等为白铜所制，衬托出柜身温润秾华。下设柜膛，两根横枨间以一根立柱相隔，将立墙分为两段，底枨下又饰光素的大牙板。柜身内部置屉板两块，隔成三层。

△ 黄花梨四出头官帽椅（一对） 明末清初

宽52.5厘米，深45.5厘米，高95厘米

△ 黄花梨云纹圈椅（一对） 明末清初

宽97.5厘米，深60厘米，高47.8厘米

椅选用黄花梨木制，整体素雅。椅背形状如圈，扶手出头，与鹅脖间打槽嵌入卷云角牙。靠背一气呵成，上部开光平地浮雕云纹头。硬屉座面，下无束腰，直腿外圆内方，侧脚收分明显。腿间设起阳线的卷口牙子，下有赶脚枨，为典型的明式做法。

4 | 文化附加对家具价值的影响

文化内涵对家具的价值具有一定的影响。

对于家具的文化附加，人们秉承着传统一贯的认识。在家具设计、家具制作的过程中，有名家、大家、文人的参与并具显著特征的，其附加值会增加。经皇家、皇族、名门、名家、望族使用过的家具并流传有序而且特征显著的，其附加值也会增加。这通常是对古代的黄花梨家具而言。

当今仿制的明式黄花梨木家具，若是名人、名家设计或监制的，其附加值也会成倍地提升。

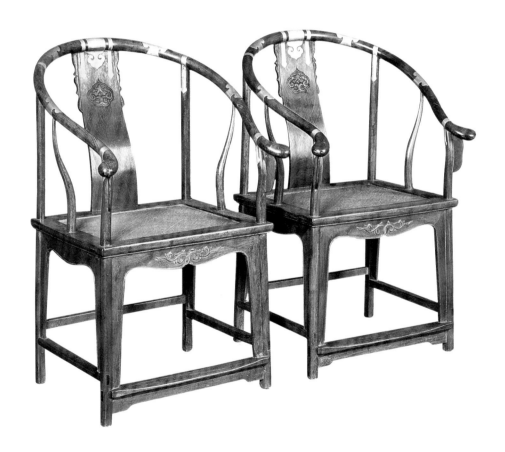

△ **黄花梨云纹圈椅（一对） 明末清初**

宽65厘米，深60厘米，高98.5厘米

椅圈扶手五接，各衔接处平嵌黄铜纹饰，两端出头，回转收尾圆转流畅。靠背板中央雕如意云纹头。背板上端施以花牙，后腿上截出榫纳入圈形弯弧扶手，穿过椅盘成为腿足。扶手与鹅脖间嵌入小角牙。座面藤面，下安雕饰卷草纹的洼膛肚券口牙子，前腿施脚踏枨，左右两侧与后方则安方材混面步步高赶脚枨。

△ **黄花梨上格券口亮格柜　清早期**

长106厘米，宽55.8厘米，高190.5厘米

　　此件亮格柜以优秀的黄花梨为材，亮格在上，三面安券口。精细的铜质面页、钮头、合页实用而美观。亮格中可置古玩青铜瓷器，便于观赏。柜门攒框装芯，"落堂做"，门板花纹对称，细腻文雅，意境斐然。柜内有较大存储空间，装抽屉两具。四面底枨下有施边缘起线的刀牙板。

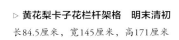

◁ **黄花梨高足方角柜　明末清初**
长111厘米，宽43厘米，高180厘米

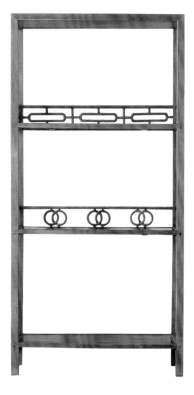

▷ **黄花梨卡子花栏杆架格　明末清初**
长84.5厘米，宽145厘米，高171厘米

△ **黄花梨龙凤纹上格券口带栏杆亮格柜　明末清初**

长100厘米，宽63厘米，高192厘米

　　亮格柜上部三面敞空，装双面雕镂空螭龙纹券口和栏杆，正面栏杆装小立柱两根，柱头圆雕狮子，神态可掬，令人称奇。亮格后背板铲地高浮雕龙凤和花卉纹饰，图案构思巧妙，雕工精美绝伦，堪称典范。此柜亮格券口和背板与柜体"扇活"相连，只要把柜顶向上锤松，即可将三面券口和背板取下。双扇柜门为一木对开，有闩杆，与柜体用白铜件相铰接，铜件采用考究的"平卧"式安装，所有铜件均为原配，十分难得。

△ **黄花梨四出头官帽椅（一对）　明末清初**

宽52.5厘米，深45.5厘米，高95厘米

　　此件黄花梨官帽椅搭脑和扶手都是直的，两端出头，宽厚光素的三弯靠背板嵌入搭脑与椅盘之间。腿足为一木连做，扶手下鹅脖伸展成为腿足也是一木连做。椅盘格角攒边置软屉，座面下安素面洼膛肚券口牙子，沿边起阳线。腿足间置步步高赶枨，枨下置素牙板。

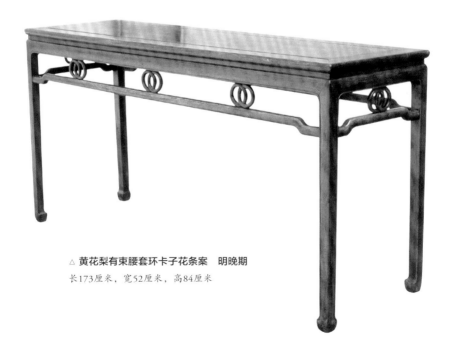

△ **黄花梨有束腰套环卡子花条案　明晚期**

长173厘米，宽52厘米，高84厘米

◁ 黄花梨独板卷草纹翘头案　明末
清初

长209厘米，宽42.5厘米，高97厘米

△ 黄花梨螭龙纹方桌　清代

长94厘米，宽92.8厘米，高85厘米

△ **黄花梨圈椅、几（一套三件） 明末清初**

椅：宽67厘米，深75厘米，高97厘米；几：长49厘米，宽39厘米，高67.5厘米

　　圈椅为黄花梨木制，此种造型装饰繁复华贵，故又称为宫廷椅。椅圈三接，四腿由上至下贯穿椅面与椅圈相交。靠背板整板，上方浮雕螭龙纹。扶手鹅脖之间有小角牙，雕刻制作工艺极为精湛，保存完好。

△ **黄花梨箭腿半桌 清代**

长93厘米，宽49.8厘米，高82.5厘米

5 | 品相与家具价值的关系

　　黄花梨家具不同于其他珍贵硬木家具，品相更多地依赖于黄花梨木自身的天然条件。黄花梨家具制作的最高境界不是破旧立新，而是因材施用，即通过对黄花梨木的纹理、色彩、大小、质感的巧妙运用，达到天工与人力浑然一体的效果。

△ 黄花梨圈椅（一对）　明代
宽59厘米，深45厘米，高99厘米

△ 黄花梨圈椅　清早期

宽59厘米，深45厘米，高98厘米

　　椅圈扶手五接，两端出头回转收尾圆转流畅。靠背板中央雕如意形纹。背板上端施以花牙，增加了装饰效果。后腿上截出榫纳入圈形弯弧扶手，穿过椅盘成为腿足。扶手与鹅脖间嵌入小角牙，扶手下联帮棍上细下粗。座面下安雕饰卷草纹的洼膛肚券口牙子，曲线圆劲有力，琢卷草纹，草叶伸展至沿边阳线。左右两侧亦是洼堂肚券口牙子。前腿施脚踏枨，左右两侧与后方则安方材混面步步高赶脚枨。脚踏与两侧枨子下各安素牙条。

黄花梨木的材质对家具品相有较大的影响。如黄花梨木新料、干料不如老料。

黄花梨木的颜色对家具品相也有一定的影响。例如，紫色有贵族气息，最受人们钟爱。

黄花梨木的纯度对家具品相影响最大。制作考究的黄花梨木家具最强调"一木一器"了。选用同一产地、颜色接近的木质最佳，越纯品相就越高。如通体用黄花梨制作一张桌案，要比用更名贵、但多色泽的油梨拼装更具价值。

黄花梨木家具的品相与设计制作者也有关。即使是同一款式的家具，不同制作者（工厂）制作出的家具效果往往不同。其品相与人的因素也有关，一个人的天分对设计打造黄花梨家具很重要。

6 | 打磨效果对家具价值的影响

"一工，二雕，三打磨"道出打磨工序在黄花梨家具制作过程中的重要作用。

黄花梨家具的打磨是展现家具灵魂的关键一步。缺少这一步，或做不到位，就无法展现出黄花梨家具的高贵品质。

（1）打磨的作用

一是使光素家具的外表整洁、干净、顺滑；二是使家具的纹理更显清晰、色泽更沉稳，质感表现更为淋漓尽致。

（2）打磨的要求

一是使家具的犄角旮旯利落、干净，腿脚、扶手、平面光滑顺畅；二是雕花的刮磨要干净、流畅；三是整体感觉明亮、利索；四是让黄花梨木的精髓质感和灵魂般的纹理得以充分显现。

将黄花梨家具打磨出通体圆润光泽、细腻平滑、质感通透、纹理清晰等效果，不仅能为家具锦上添花，还能提高家具的附加值。

三
黄花梨家具的市场走势

1 | 市场走势

　　近几年来，在艺术品收藏市场上，有一大批家具藏家涌入古典家具收藏投资领域，寻找合适的投资机会，使得古典家具的收藏水涨船高。黄花梨家具正是这波潮流的重点投资品种之一，其价值在十年间已飙升了数十倍至数百倍，全国各地的古玩城均出现了规模不等的专业家具销售店铺就是这一潮流的见证。

△ **黄花梨玫瑰椅（一对）　明末清初**

宽43厘米，深58厘米，高89厘米

　　靠背板搭脑及扶手采用挖烟袋锅式榫卯连接。靠背中部透雕变体寿字，两角装回纹券口牙角。扶手中间透雕变体福字，席心座面的左、右、后边皆装矮老，座面下三面饰卡子花。步步高枨下，三面皆有券口牙子。

△ 黄花梨螭龙纹方炕桌　明末清初

长72.5厘米，宽72.5厘米，高30厘米

▷ 黄花梨四出头官帽椅　明末清初

宽60厘米，深45厘米，高102厘米

椅搭脑，两端出头，宽厚的三弯靠背板弯弧有力，嵌入搭脑与椅盘之间。后腿上截出榫纳入搭脑，前鹅脖与腿足也是相似做法，皆是一木连做。扶手呈三弯弧形，圆材弯棍联帮棍安在扶手正中，下端与椅盘相接。椅盘格角攒边置软屉，座面下置壶门式券口牙子，券口牙子直延伸至踏脚枨，侧面装光素的"洼膛肚"券口牙子，同样做起线处理。椅腿之间装"步步高"管脚枨，出明榫，正面及两侧枨下又置光素牙板。在古时众多的家具中，官帽椅以高大、简约、线条流畅而著称。虽然它的椅面、腿等下部结构都是以直线为主，但是上部椅背、搭脑、扶手乃至竖枨、鹅脖都充满了灵动的气息。

◁ **黄花梨南官帽椅　明末清早期**

宽61厘米，深47厘米，高123.2厘米

△ **黄花梨画箱　清早期**

长86厘米，宽48厘米，高38厘米

此画箱以黄花梨制就，形制硕大。全身光素，黄花梨色泽温润，纹理似晕染之感，正面方面页，拍子云头形，两侧面安提环。

△ 黄花梨上格券口亮格柜　清早期

长106厘米，宽55.8厘米，高190.5厘米

黄花梨木制成的家具浑然天成，不需油漆，也不会因时间和季节的变化而发生变形、开裂、弯曲和蛀腐。更为神奇的是，年代久远者会形成自然包浆，颜色会更加好看，所以黄花梨家具有着"中国古典家具之王"的美誉。目前，黄花梨木材已经十分稀少了，甚至基本绝迹，其资源的稀缺性造就了如今2 000多万元每吨的价格。在这样昂贵的价格下，目前市面上仍是一"木"难求。

2 | 市场分析

对艺术品市场来说，不管是收藏也好，投资也好，都是参与的人越多，这个市场的基础就越广泛，这个市场才能发展得更快。如果没有一定的群众基础，艺术市场是发展不起来的，更不可能发展好。近几年来，海南黄花梨随着原材料的日益稀缺及藏家需求量的稳步增长，其市场价值可谓是水涨船高。无论是海南黄花梨工艺品或是手串，价格相比往年都高出许多，入手早的藏家们都是暗自窃喜，而刚接触的朋友们则是望而却步。由于黄花梨成活容易，成材极难，而且整棵树在成长过程中又会不断分叉，所以能做成家具的大块头材料极少，几乎都是通过小块料一点一点手工制作出来的。随着资源的日益减少和需求量的不断增加，价格持续上涨将是毫无悬念的！

艺术品收藏投资领域的另一个显著特点是收藏家的主体在不断发生着变化。随着艺术品市场的逐步成熟，角逐于艺术品拍卖市场的投资巨头从起初的个人收藏逐步转为企业资本。已成立的艺术品市场基金正在吸引着越来越多的企业资本不断地涌入艺术品收藏投资领域。自从2012年以来，企业藏家购买力占整个艺术品市场的60%以上，而活跃在上海、香港拍卖场上的买家有70%以上都是企业家，机构收藏已经成为上海及香港艺术品收藏领域的中坚力量。例如，2013年，大连万达集团以1.72亿元落槌，五觉斋负责人郑华星以2.3644亿港元落槌，上海宝龙集团以1.288亿元落槌，上海龙美术馆、新疆广汇、湖南电广传媒、江苏凤凰出版等都成为了艺术品市场的重要推手，黄花梨家具也随之身价大增。

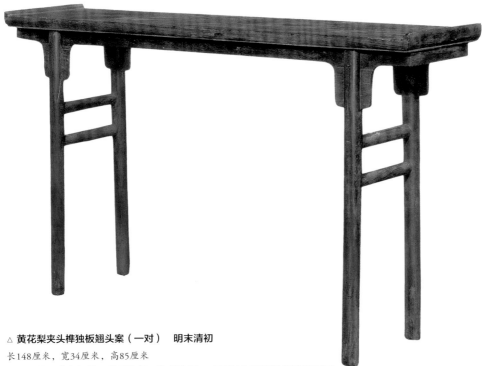

△ **黄花梨夹头榫独板翘头案（一对）　明末清初**

长148厘米，宽34厘米，高85厘米

　　全案原皮壳包浆，造型流畅，比例协调，窄而长的牙板给此案增加了
几许冷峻的美感。其案面的厚度、牙板的宽度与之腿足直径的比例已达到
"增一分太肥，减一分太瘦"的境界。

◁ **黄花梨四面平方角柜　明末清初**

长102厘米，宽57.5厘米，高193厘米

▷ **黄花梨拐子纹方角柜　清早期**

长85.5厘米，宽45.5厘米，高174.5厘米

第六章

黄花梨家具的购买技巧

一
选择正确的购买渠道

1 | 从拍卖公司购买

近年来，国内各类型的拍卖公司如雨后春笋般在全国各地蔓延开来，拍卖门类也是丰富多彩，几乎涵盖了所有的艺术门类，并且不断推出艺术品专场拍卖，从事黄花梨家具拍卖的公司也在不断增加。

▷ **黄花梨圆后背交椅　清代**
宽69厘米，深54厘米，高98厘米

△ **黄花梨麒麟交椅（一对）　明末清初**

宽74厘米，深57厘米，高112厘米

　　对椅为黄花梨木制。弧形椅圈为五接，靠背板微曲，中加横材两道，打槽装板，分三截攒成，上为如意云头开光透雕夔龙纹，中为麒麟祥云，下为亮脚，起卷草纹阳线。后腿与扶手支架的转折处镶云头形角牙，并辅以铜质构件。座面前沿浮雕卷草纹，前后腿的交接点用轴钉固定，足下带托泥。

◁ **黄花梨四出头官帽椅（一对）　明末清初**
宽49.5厘米，深59.5厘米，高111厘米

△ 黄花梨圆裹腿大禅凳（一对） 明末清初

长63厘米，宽63厘米，高52.5厘米

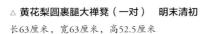

△ 黄花梨无束腰攒罗锅枨条桌 明末清初

长157.4厘米，宽70厘米，高82厘米

拍卖公司拥有权威的专家顾问团队、专业的从业人员、全球征集拍品的能力以及专业的展览服务，为每一件拍品的品质把关和全方位展示，使得卖家和买家都能得到满意的服务和结果。近些年，随着越来越多的拍卖公司举办黄花梨家具的专场拍卖，拍卖成了黄花梨家具收藏投资的重要渠道之一，越来越多的黄花梨家具收藏投资者已走进拍卖场，竞拍自己心仪的收藏品。

△ 黄花梨簇云纹三弯腿六柱式架子床　明代
长222厘米，宽155厘米，高230厘米

2 | 从文物商店购买

一直以来，文物商店都是我国文物事业的重要组成部分。自20世纪50年代以来，国有文物商店作为国家收集社会流散文物的收购站和临时保存所，不仅为国家培养了大批的专业人才，还为国家收购、保存了大批的珍贵文物，成为国有博物馆文物征集的重要渠道之一，为我国文物事业的发展立下了汗马功劳。

文物商店具有专业人才汇聚、分布地区广泛、文物品种丰富、物品保真性强、价格相对合理等特点，近年来受到不少收藏爱好者的青睐，成为广大收藏爱好者淘宝的好去处。黄花梨家具也是文物商店这些年的热门交易品种。

△ 黄花梨圆角柜（一对） 清代

长81厘米，宽35.5厘米，高160厘米

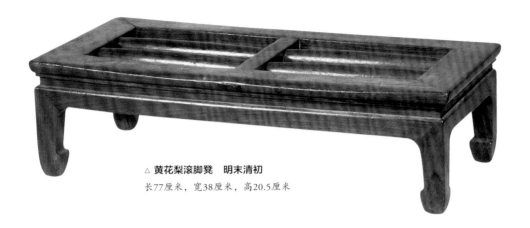

△ 黄花梨滚脚凳　明末清初

长77厘米，宽38厘米，高20.5厘米

△ 黄花梨南官帽椅（一对）　明末清初

宽61厘米，深48厘米，高114厘米

△ **黄花梨方角柜　明末清初**

长75厘米，宽36厘米，高95厘米

3 | 从黄花梨家具专卖店购买

　　黄花梨家具专卖店是指专一经营黄花梨家具的专营店。专卖店一般选址于繁华商业区、商店街或百货店、购物中心内，营业面积根据经营商品的特点而定，采取定价销售和开架面售的形式，注重品牌，从业人员具备丰富的专业知识，并提供专业知识性服务。

　　专心、专业、专卖一类产品或一个品牌，大大增强了产品的终端销售能力，更多地创造了顾客购买一类产品或一个品牌系列产品（专卖+优质产品+星级服务）的机会，提升了产品的销量。销售、服务一体化，可创造稳定的、忠诚的顾客消费群体，易于及时向终端经销商和消费者提供该公司的产品信息，同时易于收集市场和渠道信息。消费者到专卖店选购产品时，该品牌有百分之百的销售机会（店内无其他品牌），大大增加了产品的成交率。

　　黄花梨家具专卖店以上的这些优点，为黄花梨家具收藏爱好者提供了更好的收藏平台和个性化服务，近年来得到了越来越多收藏家的肯定，成为黄花梨家具收藏爱好者又一重要的购买渠道。

△ 黄花梨有束腰马蹄腿罗锅枨长条桌　明代
长158厘米，宽58厘米，高87厘米

◁ **黄花梨长方凳　明代**
长52厘米，宽38厘米，高50.5厘米

▷ **黄花梨官皮箱　明代**
长32.5厘米，宽22厘米，高31.7厘米

◁ 黄花梨带镜架官皮箱　明代

长32.8厘米，宽24.6厘米，高28.6厘米

　　镜台上层边框内为支架铜镜的背板，可以放平，或支成约为60°的斜面。背板用攒框做成，分界成三层八格。下层正中一格安荷叶式托，可以上下移动，以备支架不同大小的铜镜。中间方格安角牙，门成四簇云纹，中心空透，系在镜纽上的丝绦可以从这里垂到背板后面。其余各格装板透雕折枝花卉。装板有相当厚度，使图案显得格外精神和饱满。底箱开两门，中设抽屉。

△ 黄花梨南官帽椅（一对）　明代

宽64厘米，深49厘米，高99厘米

◁ **黄花梨四出头官帽椅（一对）　明代**
宽59厘米，深48厘米，高113.5厘米

△ 黄花梨雕龙八仙桌　明代

边长95厘米，高87厘米

　　方桌黄花梨满彻，马蹄腿罗锅枨，台门牙板浮雕灵芝和螭龙纹。桌腿上部和牙板相交处雕云纹包角。这张方桌造型规整，牙板的曲线非常优美，雕饰活泼可爱。

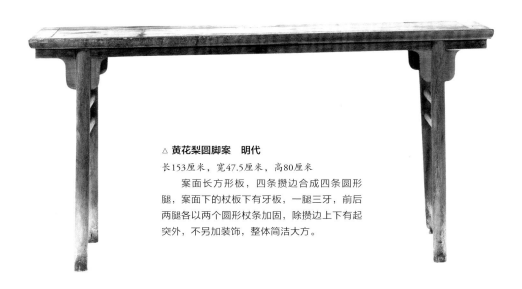

△ 黄花梨圆脚案　明代

长153厘米，宽47.5厘米，高80厘米

　　案面长方形板，四条攒边合成四条圆形腿，案面下的杖板下有牙板，一腿三牙，前后两腿各以两个圆形杖条加固，除攒边上下有起突外，不另加装饰，整体简洁大方。

▽ **黄花梨刀子牙板平头案　明代**

长107厘米，宽49.5厘米，高75.5厘米

　　攒边框镶板心，桌面光素，冰盘沿下接牙板，牙板刀子型与腿相交，两腿间置二横枨，起加固桌身作用，直腿圆足，制作工艺简练，线条流畅，打磨细致，包浆油亮，时代久远，是一件不可多得的精品。

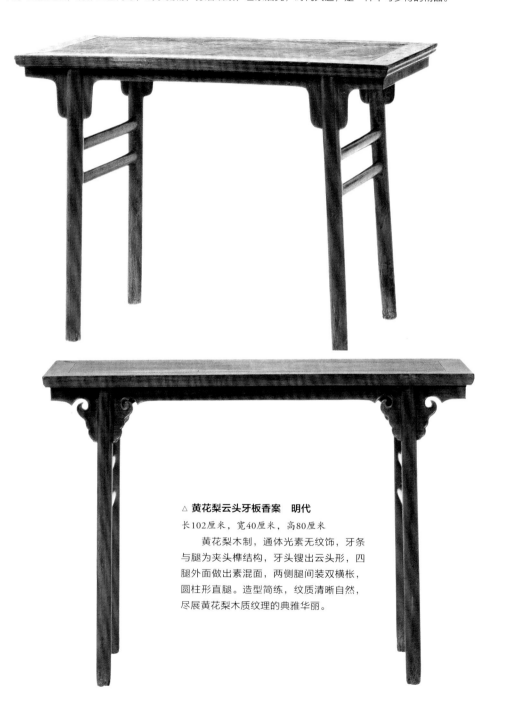

△ **黄花梨云头牙板香案　明代**

长102厘米，宽40厘米，高80厘米

　　黄花梨木制，通体光素无纹饰，牙条与腿为夹头榫结构，牙头锼出云头形，四腿外面做出素混面，两侧腿间装双横枨，圆柱形直腿。造型简练，纹质清晰自然，尽展黄花梨木质纹理的典雅华丽。

4 | 从典当行购买

　　随着我国市场经济的飞速发展，各大银行的贷款业务已经不能满足日益增长的融资需求。典当行作为民间非银行金融机构积极开展贷款业务，有效弥补了民间融资需求的空间。随着人们主观意识的转变，典当也由穷人为了生计不得已"变卖"家产，转变为一种新型的融资渠道和资金周转站。

　　典当行以其短期性、灵活性和手续便捷性等特点，成为银行贷款业务的一个有效补充。典当业作为一个金融特行，其"短、小、快"是典当业的核心竞争优势。典当行和银行在市场上可以相互补充、互为调剂。现代典当业作为金融业的有益补充，作为社会的辅助融资渠道，已成为市场经济中不可或缺的融资力量。

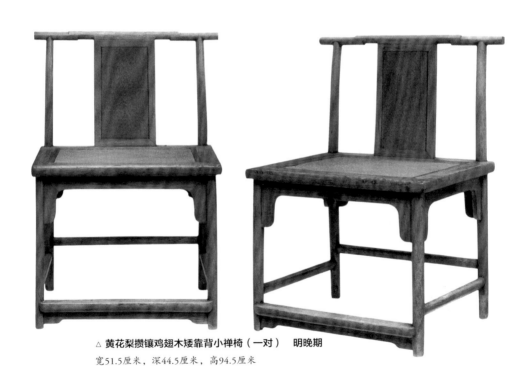

△ 黄花梨攒镶鸡翅木矮靠背小禅椅（一对）　明晚期
宽51.5厘米，深44.5厘米，高94.5厘米

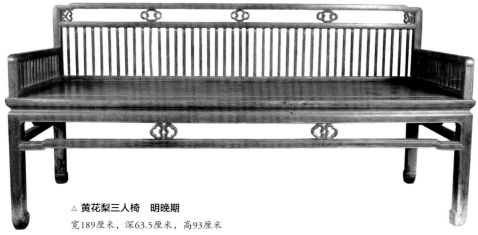

△ **黄花梨三人椅　明晚期**

宽189厘米，深63.5厘米，高93厘米

　　该椅精选黄花梨大料制作而成，造型端庄霸气，色泽古朴典雅。搭脑中部高起如罗锅状，下置如意卡子花，靠背及扶手为梳背式，椅面攒框平镶大块整板，冰盘沿，牙板正面安罗锅枨，枨上置云纹卡子花，直腿，内翻马蹄足。三人椅纹理细腻优美，俊秀文雅，简练明快，可谓"多一分则繁，少一分则寡"。

△ **黄花梨油束腰马蹄腿炕桌　明末清初**

长97.2厘米，宽62.4厘米，高29厘米

△ 黄花梨有束腰三弯腿炕桌　清早期

长94厘米，宽63厘米，高30厘米

△ 黄花梨高束腰马蹄腿二屉桌　清早期

长73厘米，宽49厘米，高86厘米

◁ **黄花梨提篮　明末清初**

长37.5厘米，宽22厘米，高25厘米

　　提篮选料黄花梨制作，通体素工，提篮四边铜包角原装，篮分三层，框形底座与提梁连接，铜锁穿条。明末文人对政治失去信心，仿农家送饭的提篮设计制成存放笔墨纸砚等文具的玩器，随身提携，游历之用，有归隐之意，后被广为流传。

△ **黄花梨圆裹腿长条桌　明末清初**

长185厘米，宽57.2厘米，高88.5厘米

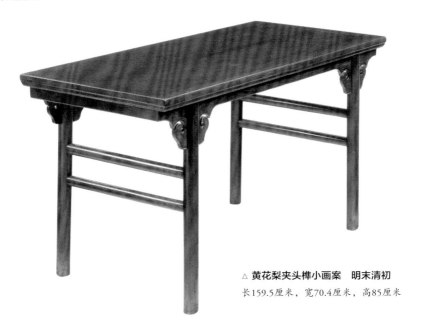

△ 黄花梨夹头榫小画案　明末清初

长159.5厘米，宽70.4厘米，高85厘米

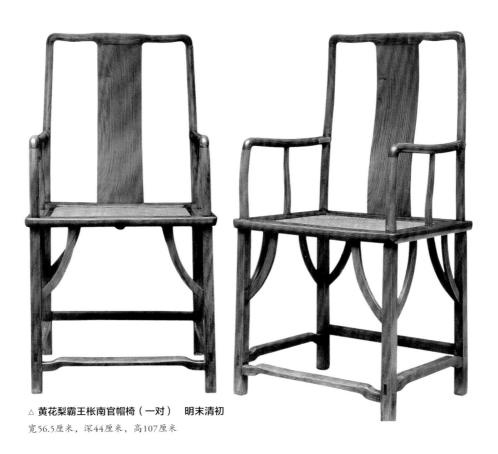

△ 黄花梨霸王枨南官帽椅（一对）　明末清初

宽56.5厘米，深44厘米，高107厘米

▽ **黄花梨高靠背南官帽椅　明末清初**
宽54厘米，深44厘米，高104厘米

目前，典当行的典当品种也是日益丰富，金银珠宝、字画、各种古玩、汽车、房产、黄花梨家具等都可典当融资。典当行因有专业人员把质量关，具有过了当期未赎回即可自由处置的特权，且交易价格明显低于市场同期销售价格，已成为收藏爱好者重要的淘宝去处。

5 | 从圈子内购买

各行各业都有自己固定的交流合作圈子，黄花梨家具也不例外。目前，黄花梨圈子内交流和交易的一般均属高端藏品，交易价格普遍较高，但绝对是藏家看上的至爱之品。

◁ **黄花梨有束腰马蹄足方凳　明代**
长51厘米，宽49厘米，高51厘米

▷ **黄花梨裹腿罗锅枨套环卡子花大方凳　明代**
长50.5厘米，宽64厘米，高64厘米

△ **黄花梨平头案 明代**

长143厘米，宽45厘米，高82.6厘米

◁ **黄花梨宝顶官皮箱 明代**

长33厘米，宽33厘米，高24厘米

　　箱体品四方形，箱盖抛顶，顶盖内有镜座，内分抽屉制作，四角包铜，面镶如意。材质纹理流畅舒展，古色古香，实为不可多得的家具精品。

◁ 黄花梨四出头高靠背官帽椅　明代

宽59厘米，深45厘米，高112厘米

▷ 黄花梨矮靠背南官帽椅　明代

宽65厘米，深42厘米，高95厘米

黄花梨家具圈子内交易具有有品质、有保障、藏品层次高、成交速度快的优点，已有越来越多收藏爱好者参与其中。

6 | 从网络渠道购买

随着科技和互联网的发展，人们生活水平的提高，收藏已经从小众群体走向了大众，人们甚至开始尝试足不出户，上网淘自己喜欢的藏品。虽然近几年网络拍卖仍然存在很大问题，但毋庸置疑的是网络拍卖已经成为未来发展的一种趋势。

网络拍卖作为电子商务的概念早已被提出。十几年来，人们在非艺术品拍卖领域一直在进行着网拍的探索，使其发展较快，目前运作相对成熟。网络拍卖介入艺术品市场也不晚，2000年6月某在线正式开通，在国内首开拍卖企业举行了艺术品网络拍卖的先河。某在线的网络拍卖采取多专场，365天、24小时不间断进行。由于艺术品真伪、质量的网络保障不足，网络展示全替代展厅现场展示等问题没能得到根本解决，使得网络拍卖模式一直没在国内得到推广和应用。某在线的网络拍卖也一直主打低端工艺品、当代艺术品市场，其在网络上拍卖的艺术品，单价一般多在10万元以内，参与者主要以白领阶层为主，购买艺术品的目的多在于收藏和装饰。低端工艺品、艺术品的真伪问题关系不大，因而网络拍卖可以满足他们的需求。

互联网让拍卖突破了时空的局限，提高了交易效率，降低了拍卖成本，同时也降低了拍卖门槛。网络拍卖最大的优势是利用互联网的特点，将原本贵族化的场内交易方式演变成了平民化的网上交易。每年艺术品春秋大拍中，买家们都有忙于"赶场"的烦恼，各大艺术品拍卖公司也有意错峰开拍，避免买家在竞买上"撞车"。有时令买家感到无奈的是，场内每件拍品的竞价时间只有短短几分钟，买家需要当即决定要不要继续加价，否则就会与拍卖品失之交臂。借助互联网，这些问题就迎刃而解了。一场网络拍卖可以持续几天，昼夜不间断，无论北京、纽约或是伦敦的买家都能借助网络随时竞买，并且做出更加理性的决定，节约了时间、交通、住宿等诸多成本。

近些年，黄花梨家具的拍卖也开始借助于网络，此方式受到了越来越多收藏爱好者的关注和参与。

二
把握适当的时机

近十几年来，黄花梨文化走向回归，黄花梨价格涨势迅猛，从约36元每500克涨到2万元每500克，涨幅达500倍。若以现在为分界线，市场发展的前10年，作为一种家具流通，无疑是购买黄花梨家具的最好时期。然而，从收藏角度看，相比明清老黄花梨家具与市场上少量流通的黄花梨家具，眼下市场上流通的黄花梨家具还处于价值洼地。从艺术品投资和收藏品增值的长期角度分析，当前收藏购买黄花梨家具应是不错的时机。

△ **黄花梨瓜棱腿小平头案　明末清初**
长100厘米，宽50厘米，高82厘米
　　黄花梨小平头案，规范造型。抹头及大边侧面中部打洼，攒板心，纹理清晰华丽。面下三穿带暗榫与大边相交。耳形牙头挖出稍稍的垂肚状，瓜棱腿带侧脚收分，装双横枨。

三
准确判断出售时机

　　1994年有两家拍卖公司共推出了10件黄花梨拍品，成交8件，总成交额达54.45万元。17年后，在2011年的春季拍卖会上，某国际拍卖有限公司推出的家具拍卖专场80件精品百分之百成交，成交额逾2.88亿元，创单季家具拍卖世界纪录。这一拍卖趋势显示了黄花梨家具成交的价格区间是不断上升的。只要收藏者能够根据自身投资黄花梨家具时的实际成交情况，密切关注国内外经济形势的发展，结合当下投资拍卖市场的行情发展，抱以知足常乐的心态，做到有利可图即放手的心境，合适的出售时机尽在藏家自己的掌控之中。

△ 黄花梨嵌瘿木平头案　明代
长83厘米，宽35厘米，高86.5厘米

第七章

黄花梨家具的保养技巧

黄花梨家具的日常管理

黄花梨家具是一种大众化的实用器物，与人们的日常生活息息相关，故不像瓷器、玉器、金石、书画等古玩一样，受到刻意保护。由于人为疏忽或保管不善，在自然毁损和人为破坏下，古代黄花梨家具的数量正在急剧下降。因此，不论是民间还是收藏机构，黄花梨家具的科学保管显得尤为重要。

黄花梨家具科学管理应从以下几个方面着手。

△ 黄花梨衣架

△ **黄花梨八仙桌　明代**

长102厘米，宽102厘米，高84厘米

　　桌面攒框双拼，冰盘沿，夹头榫结构。束腰托腮，直腿，腿间设四枨，置矮老、绳纹卡子花；内翻马蹄足，刻回纹。其造型及做工十分讲究，线条流畅，有明显清式风格。

1 ｜ 鉴定

　　与考古发掘品不同，现存家具多为传世品，通常缺乏可靠的科学记录，若不进行认真的科学鉴别，极可能会造成鱼目混珠、真假颠倒的现象。

　　鉴定黄花梨家具就是辨明真伪，确定制作年代及材质，定名分级，对其科学价值、历史价值和艺术价值进行评估，从而为分级管理、加强保护、提高保管质量创造基本条件。

2 │ 定名分级

为黄花梨家具定名是为了便于区分。家具的名称要能够体现出其主要特征，最好能达到"闻其名如见其物"。

一般而言，定名可由年代、材料、器形特征和功用四部分组成。如"明黄花梨无束腰裹腿罗锅枨大画桌""清黄花梨透雕荷花纹太师椅"等。

另外，定名要规范化。同一种家具，因地域语言不同可能有多个名字，这时就要根据全国通用的名称进行统一。例如，江浙地区所称的"台子"，应定名为"桌子"。

为了确保对精品进行重点保护，还应当在鉴定的基础上对所收的家具进行分级。通常从科学价值、历史价值和艺术价值三个不同的方面考虑，可将黄花梨家具分为一级、二级和三级。

△ **黄花梨直枨酒桌　明代**

长100厘米，宽68厘米，高85厘米

　　酒桌以海南黄花梨制作，迎面直枨，有栏水线。桌面探出部分不长，虽是吊头，看起来却似喷面，使得喷出有轻盈之妙。横枨两根，刀牙简练。牙条下安直枨。腿子打洼加倭角线，高挑直落，加装双侧枨。

△ **黄花梨有束腰罗锅枨马蹄腿方桌　清早期**

高85.5厘米，边长97厘米

　　此桌通体由黄花梨制，采用典型明式家具结构，周身光素，以严谨的榫卯细节、简练的造型取胜，色泽沉稳，包浆温润。案面以格角榫攒边镶面芯板，冰盘沿打洼出透榫，束腰与牙板连做，沿边起阳线，顺足而下，方材腿足间置罗锅枨，内翻马蹄足。造型规矩而雅致。

3 ｜ 分类

　　分类即把具有同一特征的家具归在一起。

　　黄花梨家具通常分为桌案类、椅凳类、床榻类、柜架类及其他五大类。

4 ｜ 登记

　　登记是妥善保管家具及对其进行科学管理的关键，也是检查所收家具数量及质量的法律依据。

　　登记需有一套准确而完整的账簿，包括使用登记簿、总登记簿、分类登记簿等。其中最根本、最重要的是总登记簿。总登记簿必须由专门的人员进行保管，并实行账物分管制度。

　　登记时应当严格按照规定的格式，逐条逐项用不褪色的墨水笔填写，字迹力求清晰、工整。

　　有些机构所收的家具原来已登记过，那就可在新的总登记簿表格内增设一栏"原来号"，以便于查找、核对。

5 ｜ 标号

　　家具的总登记号应当标写在器物上，标写时需要注意以下几点。

　　◆ 标号应当标写在隐蔽处，不得影响家具的外观，不得采用刻画等方式，以免伤及家具本身。

　　◆ 标号的位置应当一致，以方便查询。

　　◆ 为了避免混乱，可将旧号除去，但总登记簿中不得遗漏。

　　◆ 标号用漆的色调要一致，原则上，淡色家具要用深色漆，深色家具要用淡色漆。

6 ｜ 使用规则

　　黄花梨家具应当根据不同的级别，制定相应的使用规定，以免将精品家具当作普通的实用器物，从而造成本可避免的人为损坏。

　　一、二级品：原则上应加以重点保护，仅作陈设用，不宜继续作为实用器。在开放的场所，可以划定适当的保护范围，禁止人们入内。

　　三级品：使用也应严加控制，尽可能不用、少用，或在使用中采取诸如加桌套、椅面等保护措施。

7 ｜ 建档

　　为每件家具建立档案是科学管理和保护的基础和依据。可以采用"一物一袋"的形式，并根据总登记簿编目。

　　档案的内容应当包括相关的历史资料、修复记录、鉴定记录、使用记录以及测绘图纸、照片、拓片等。

　　档案的形成是一个循序渐进、逐渐积累的过程，应当从最初的收藏活动开始收集相关的资料。

8 | 查点

定期清点与检查是家具管理的重要措施。查点家具的时候须账物对应，发现账物不符或家具缺损等情况要及时查明原因，查清责任，酌情处理。

查点家具的时候，若是发现了其他不利保护的情况，也应当尽快解决。例如，发现家具的标号模糊不清，应及时重新标写；发现家具有腐朽、松动之处，应及时维修。

二
黄花梨家具的日常保养

黄花梨家具光泽柔美、触感温润、微微泛香等特点，让它的身价倍增，成为收藏家炙手可热的珍宝。拥有黄花梨家具的同时，须学会进行日常保养。

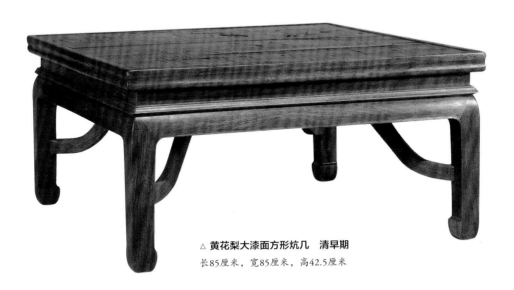

△ **黄花梨大漆面方形炕几　清早期**
长85厘米，宽85厘米，高42.5厘米

1 | 擦拭

经常擦拭，一是清洁家具表面的蜡层和污垢，二是防蛀。

擦拭方法：取家里的搓澡巾、柔软的干棉布等，顺着黄花梨木的纹理方向，擦拭家具表面。每隔2～3天擦拭一次，每次坚持30分钟。

2 | 抛光

擦好家具表面后，即可进行抛光。

抛光是指用柔软的棉布对其反复盘搓，或者将核桃仁去皮碾碎，以纱布包裹，涂抹家具表面。

黄花梨家具与空气长时间接触后，表面会形成一种土色的保护层。抛光有助于恢复家具原来的光泽。

3 | 遮盖

家具擦好后，用布遮盖起来，尽量减少与空气的接触，使它慢慢恢复本来的颜色，之后再擦拭几遍，其色泽则可保持很长一段时间。

有条件的话，可用玻璃将家具罩起来。

黄花梨家具的保养事项

对黄花梨家具进行必要的保养是家具传世、欣赏、升值的重中之重。养护黄花梨家具有9大要点。

1 | 保持表面清洁

黄花梨家具使用时完全暴露在外，容易沾染灰尘，特别是雕刻部分。灰尘中带有种种杂物及氧化物，不及时清理会使家具表面受腐蚀。

清除灰尘应用柔软的巾布或鸡毛掸，以不损伤家具为原则。

△ **黄花梨圈椅（一对）　明末清初**

宽59.5厘米，深46厘米，高108厘米

　　此对圈椅以黄花梨木制作，搭脑浮雕"福从天降"纹饰，靠背板呈"S"形曲线，上方浮雕卷云纹。联帮棍呈圆弧形状鼓出，富有弹性。座面攒框镶独板，素牙板，下置步步高赶脚枨。圈椅型制古拙大方，曲线圆润流畅，造型简练，稳重端庄，美观实用。

2 | 避免创伤

黄花梨家具毕竟是木质的，易受损，应当尽量避免碰击、撞击，尤其是与金属器具的碰撞。家具的透雕花板部分更应留心保护。

3 | 抬起搬动

有的黄花梨家具较重、较大，以少搬动为最佳。需要搬动时，一定要抬起来搬，忌贪图方便而拖拉搬动。拖拉容易造成家具的榫头结构松动，导致散架。

4 | 防干、防湿

潮湿和干燥是家具保护的大敌，对黄花梨家具而言同样如此。

空气的湿度过低，木材的含水量不足，黄花梨家具可能出现变形翘曲、干裂发脆、缝隙扩大、榫结构松动等问题。空气的湿度过高，黄花梨家具则可能扭曲变形、生虫、发霉、腐朽。

防干燥三法

◆ 在地面洒水。

◆ 室内摆放一些多叶盆栽植物，或安放盛有清水器皿。

◆ 减少日光直射，门窗挂窗帘。

防潮湿六法

◆ 开窗自然通风。

◆ 室内安装空调设备，除湿。

◆ 使用吸湿剂，如木炭、生石灰。注意吸湿完毕要及时清理掉吸湿剂。

◆ 未上漆的家具表面可涂擦动植物天然蜡或四川白蜡，以缩小家具吸湿的面积。

◆ 家具的腿脚最容易受潮腐朽，可在腿脚下安置硬木垫块，以避免潮气直升向家具腿木。

◆ 室内潮湿通常与建筑不善有关，如地面返潮、生苔、屋顶渗漏等，故应及时检修房屋及四周的排水系统，并进行相应的改造。

△ 黄花梨大书箱　清早期

长52厘米，宽20厘米，高29厘米

　　此件书箱黄花梨纹质细密优美，四角皆饰以卧槽平镶云纹包角，正面圆形面页，拍子作云头形开口容纳钮头，实用而具有装饰美感。盒盖相交处起线，起到加固防护作用。两侧安弧形提环。

△ 黄花梨无束腰瓜棱腿方桌　明代

边长99厘米，高84厘米

▷ **黄花梨官帽椅　明代**
宽57厘米，深45厘米，高95厘米

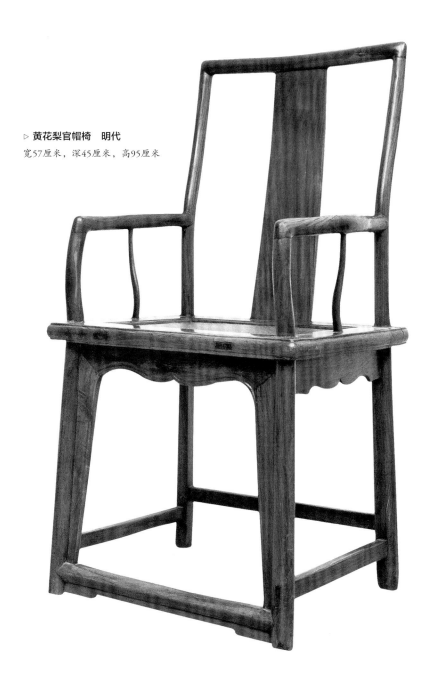

5｜防光晒

太阳光对黄花梨家具有损害性。例如，太阳光中的红外线可致家具的表面升温，使湿度下降，从而产生脆裂和翘曲。紫外线的危害更大，能使家具褪色，并降低木纤维的机械强度。

避免光线对家具的损害，可采取下列措施。

◆ 安装遮阳板、百叶窗、竹帘、布帘、凉棚等，以防光线直射室内。

◆ 在玻璃窗外涂上红、白、绿、黄色油漆，或加设木板窗，降低直射光的强度。

◆ 选择厚度超过3毫米的门窗玻璃，或选用花纹玻璃、毛玻璃或含氧化钴和氧化铈的玻璃。这些玻璃能减少紫外光辐射。

◆ 家具陈设的照灯应当选用无紫外线灯具，或为灯具加装紫外线过滤片。

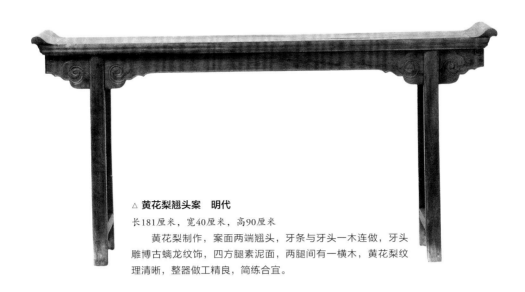

△ **黄花梨翘头案　明代**

长181厘米，宽40厘米，高90厘米

　　黄花梨制作，案面两端翘头，牙条与牙头一木连做，牙头雕博古螭龙纹饰，四方腿素泥面，两腿间有一横木，黄花梨纹理清晰，整器做工精良，简练合宜。

6 | 防火

陈放黄花梨家具的场所，应当有严格的防火措施。

◆ 陈放场所不得吸烟，不能有生活和生产用火。

◆ 禁止存放木料、柴草等可燃、易燃物品。

◆ 严禁将液化石油气、煤气等引入室内。

◆ 安装电灯及其他电气设备时，必须符合安全技术规范。

◆ 配置灭火器、防火水缸、防火沙箱等消防器材和水源设施，或安装烟火报警器；定期检查消防设备。

◆ 陈放家具的室外通道保持畅通，一旦发生火警，有利于抢救和灭火。

7 | 及时修理

家具在使用过程中，若不慎发生损坏，或是部件掉落时，要及时维修。

出现较严重损坏的情况，应请专业人员修理。

胶合部件时，选用骨胶，忌用白胶，否则会留下痕迹。

8 | 定期上蜡

蜡能起到保护家具的作用，古典木家具一定要定期上蜡，用家具护理喷蜡揩擦。该法简便，既能去污，又能起保护作用。

9 | 防蛀防虫

黄花梨家具也会被虫蛀咬，如白蚁、蛀木虫等。家具收藏爱好者可以采用置放樟脑等化学防蛀法。

古代使用的传统防虫药物有多种，如秦椒、蜀椒、胡椒、百部草、芸草、莽草、苦楝子和雄黄、白矾等矿物，收藏者可借鉴使用。

四
黄花梨家具的保养误区

误区一： 将钥匙等硬物混放在家具上。

误区二： 在家具上堆压重物。

误区三： 随意用水冲洗或用湿布擦拭。

误区四： 用酒精、碱水等化学物品涂抹擦拭。

误区五： 使用"御守盐"清洗家具。"御守盐"实质上是粗海盐，用它"净化"黄花梨会造成木质变色、变粗及开裂。

误区六： 放在太阳光下暴晒。暴晒是家具的杀手，会导致家具走光、变色、开裂、木材变形等。

△ **黄花梨书匣　明末清初**

长11厘米，宽39厘米，高21.5厘米

此件书箱以黄花梨为材，周身髹漆，久经辗转，满富浓郁的历史气息。其铜件皆是工艺考究的卧槽平镶，盖顶四角饰以云纹包角，正面方形面页，拍子作云头形，开口容纳钮头，侧面施以方形提环。

△ **黄花梨长方箱　明末清初**

长68厘米，宽45厘米，高30厘米

　　长方箱尺寸稍大，黄花梨材质。黄花梨从唐始，至明达到顶峰。至今上好材质几乎殆尽，而此箱体侧壁由整木而作，花纹富丽典雅，四角及面以黄铜为饰，更添稳重大方之势。

△ **黄花梨福寿纹扶手椅　明代**
宽75厘米，深53厘米，高109厘米

△ 黄花梨南官帽椅　明代

宽64厘米，深49厘米，高99厘米

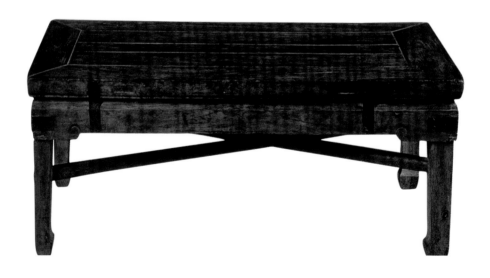

△ 黄花梨行军台　明代

长79厘米，宽44.5厘米，高28.5厘米